U0144747

凝煉知識品味閱讀

凝煉知識品味閱讀

Demystify the Core in Personal Mobile Device

全面掌握個人行動裝置內核心關鍵祕密

個人行動裝置核心解析

林修民 著

五南圖書出版公司 印行

推薦序

修民是我在台大電子所的碩士班學生，他很聰明，也非常用功，是一個典型的理工科學生：單純而不簡單，聰明但不算計；畢業後，他追隨學長姊的腳步，進入高科技公司服務，有一份穩定而前景看好的工作，我相信以他的聰明和努力，定會在科技業一展長才，如同其他台大電子所畢業的同學一樣，修民是一個讓我很放心的學生。

然而，三年前，我輾轉得知他轉換跑道的消息，他放棄了他人眼中科技新貴的光環，轉到外貿協會工作，展開新的生涯，從事主辦展覽、推廣產品的工作。雖然我相信以他的能力和經驗，應該可以迅速進入情況，勝任愉快。但是，放棄深耕多年的專業領域，不再從事第一線的研發工作，畢竟是一個需要勇氣的抉擇。身為修民的指導教授，我雖然鼓勵學生勇於跨出框架自我挑戰，但也不免和多數長輩一樣，有著一點點的不放心。科技業進步迅速，離開稍久就會脫節，只要看看自己手中手機的變化，就可以感受到改變的速度。

後來，修民又自外貿協會離職，我的不放心也跟著變大了一些。當修民告訴我他完成了這本《個人行動裝置核心解析》，請我寫推薦序時，我有些意外，更欣然答應。因為我看到了他不以研發工程師自我設限，勇敢嘗試新的挑戰，同時，我也看到了他善用理工背景，以電機專業作為基礎，跨足其他領域的企圖心。當專業人跳出專業領域的侷限，以另類的角度反觀自己，就是創新的開始。

這本書嘗試以深入淺出、由古至今的敘述方式來介紹行動裝置中各項重要元件與其技術的沿革。修民的用心從其在書中所舉出的各種實例中可看得出來。更有甚者，他不但以甚多篇幅闡述各項基本技術的關鍵與重點，最後更從實務面與商業市場面來談論各項行動裝置產品關鍵技術的競爭力與其決定性因素及商業競爭手法，如國際標準與權利金、專利訴訟與非關稅障礙等等。我相信讀者閱畢此書必定對於行動裝置的過去、現在與未來有更深一層的了解與掌握。

最後，我衷心祝福修民這個有些跳 tone 的學生，在未來有更出人意表的成就。

闕志達

2014年11月於台灣大學

前言

作者自從1994年進入大學接觸電機通訊領域已逾20年，心想也應該整理一下過去做些什麼，加上2010年於英法自由行、不管在倫敦或是巴黎地鐵上，都見到如在台北捷運內眾人使用智慧型手機之場景。20年來資通訊產品發展快速，除個人、筆記型電腦外，個人行動裝置（如手機或是平板電腦）在近10年更是遍及人類生活每個角落，行動上網、瀏覽社群網站、與親友互傳訊息已經成為許多人的生活重心。

雖然個人行動裝置已進入日常生活，但對於想要深入了解內部人士而言，坊間書籍不是只有初步介紹新手機功能與操作介面雜誌，就是太過狹隘主題之艱深原文書，目前市面上並沒有描述整體架構之適合書籍，於是想著手寫一本關於個人行動裝置書籍，此為本書濫觴。

本書的目標期以深入淺出方式詳介個人行動裝置內部架構，主要分為三大類：歷史發展與最新潮流、理論實作、市場競爭力分析。歷史發展揭櫫技術歷史淵源，演化至今最新潮流趨勢，可做為了解理論前之背景基礎。理論實作則排除艱深繁雜的數學演算（如MIMO矩陣計算或是高頻電路微分分析），以掌握基本觀念方式，闡述整個個人行動裝置內部理論以及架構設計流程。最後是市場競爭力分析說明市場行銷以及產品競爭力因素分析。

由於個人行動裝置，特別是智慧型手機已集結百年來所有資通訊主要技術，個人才疏學淺，無法針對個人行動裝置每個元件皆有實作經驗，因此無法遍及所有內容，尚祈讀者見諒。本書主要闡述微處理器、通訊系統與影像單元理論，並簡要介紹記憶體與照相模組。

本書適合已有一定電機電子基礎之學生、從事資通訊產業工作者、創投與投資銀行等欲深入了解產品之專業人士閱讀。對於本書內容，由於範圍廣大，個人如有疏漏錯誤之處，也煩請不吝指教。

內容第一章說明資通訊與其他產品不同特性，強調積體電路（Integrated Circuit, IC）在資通訊產品扮演重要核心地位。資通產品從 20 世紀初如軍艦、教室般的大型電腦，持續縮小至 80 年代之個人電腦（Personal Computer, PC）、筆記型電腦（Laptop），再持續縮小至本世紀初個人行動裝置（Personal Mobile Device, PMD），本章審視了這些改變過程，並談論到最新應用趨勢。

中央處理單元（Central Processing Unit, CPU）為資通訊產品的核心。其透過撰寫軟體程式（Software Program）執行許多應用（Application），如遊戲（Game）等。第二章說明了 CPU 發展的起源、歷史、指令集（Instruction Set）架構改變以及最新多核心（Multi-Core）之平行處理（Parallel Processing）趨勢。

第三章闡述歷史上著名數學家對通訊技術重大貢獻。通訊技術雖有許多種類，但根據傳輸介質是否為空氣，可分為有線（Wire）與無線（Wireless）通訊兩類。20世紀早期，有線通訊典型為進行語音通話之電信網路，後期為電腦網路傳輸數據（Data）應用。無線通訊為個人行動裝置之基礎，其除了集結語音與數據應用外，技術發展更是目前通訊界主流。本章也簡介了相關技術，包含較新之多輸出輸入（Multiple Input Multiple Output, MIMO）與載波聚合（Carrier Aggregation）。

積體電路（IC）由於為個人行動裝置內部核心。除了設計架構之外，IC製造發展過程亦非常重要。藉由談論電晶體（Transistor）發明作為第四章起始，續說明IC製造過程，最後介紹目前三維（Three Dimension, 3D）IC技術，本章同時也藉由討論10多年來IC公司營業額的變化，說明近年來個人行動裝置引領IC產業潮流。

從第五章開始進入理論實作，首先繼第二章續以CPU作為主題。除了基礎CPU構造外，數十年來CPU發展主要為開發平行性（Parallelism）。單一核心適合發展指令（Instruction）與資料（Data）級平行處理，並同時改善記憶體體系（Hierarchy）以增加整體效能。本章最後以說明一個目前主流非循序（Out of Order, OoO）執行架構作為實例。

第六章討論了通訊理論。廣泛通訊過程牽涉軟硬體合作。透過分層（Layered）架構可分析整個通訊協定，底層定義了實體傳輸影響、中層訂定了連結協定、高層描述應用種類，本章最後也說明了電信網路連結架構、多模（Multi-Mode）的基頻（Baseband）通訊架構實例說明以及通訊單元較其他應用（如CPU）最大差異之互通驗證性。

根據統計，影像占據了最大無線上網之頻寬需求。人類對影像品質的追求並無止境，配合更高解析度（Revolution）之螢幕，個人行動裝置之圖形處理單元（Graphic Processing Unit, GPU）也需對應成長。第七章以說明影像基礎理論起始，介紹GPU 發展為續，最後再介紹影像播放（解壓縮）理論並以無線影音播放標準使用之 H.264 解碼器作實例。

第八章說明整個個人行動裝置內部核心區塊圖，其除了包含前述章節討論 CPU 、GPU 及通訊單元外，也討論動態隨機存取記憶體（Dynamic Random Access Memory, DRAM）與照相單元，主要藉由應用處理器（Application Processor, AP）整合周邊應用數位與類比 IC 組成了現代個人行動裝置核心。除核心架構理論外，本章亦介紹了 IC 與整個系統設計流程。

除了產品技術開發外，市場行銷也是推展資通訊產品普及人類生活的重要因素之一。第九章說明了成熟（Developed）與新興（Emerging）市場特性（包含展會推廣與關稅影響），專利對產品出貨之影響，最後分析了資通訊產品技術成功關鍵因素。

第十章為本書最後一章，故集結了前述說明影響資通訊產品技術的因素，包括行銷推廣、技術理論以及個人行動裝置最重要之低耗能（Low Power）議題分析 IC 以及系統級整體競爭力因素，最後以個人行動裝置發展之未來挑戰與展望作為本書結尾。

林修民

致　謝

感謝國立交通大學電機系蘇育德教授與國立台灣大學電機系闕志達教授，由於您的教誨與指導，使得作者得以一窺通訊電子堂奧，也感謝任職 Broadcom（博通）時期 Sean Colon 與 DeMatteo Monness 公司過去對作者的支持。晨星半導體（Mstar Semi）內共同合作同事、中華民國對外貿易發展協會（TAITRA）內辦理印度工業展團隊夥伴以及五南出版社，謝謝您們的幫助，使得本書得以問世。另外，MediaTek, San Jose（聯發科技，聖荷西）資深顧問薛雅全博士與 QUALCOMM, San Diego（高通，聖地牙哥）資深工程師林重甫博士對本書提供許多寶貴建議，在此一併表達感謝之意

CONTENTS 目錄

第三章　通訊概論

第四章　積體電路概論

第五章　微處理器理論與實作

第六章 網路通訊理論與實作

第七章 影像處理理論與實作

第八章 個人行動裝置架構

第九章　市場行銷

第十章　產品競爭力分析

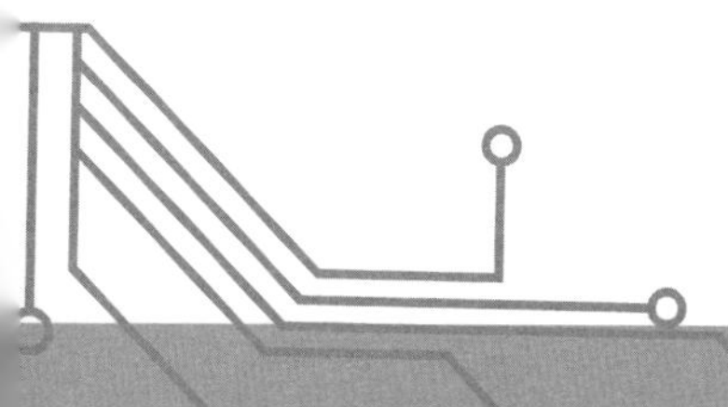

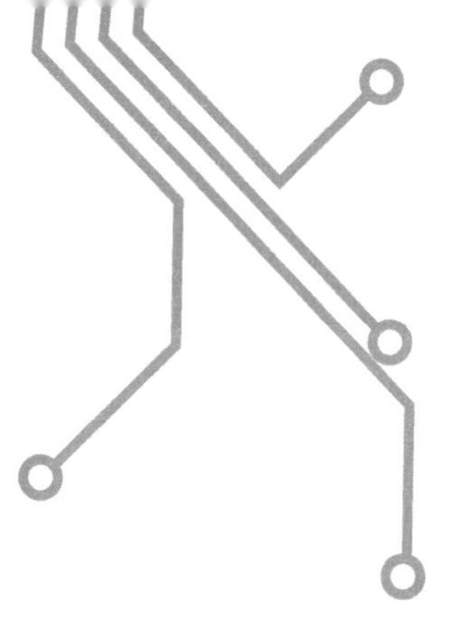

第 1 章

個人行動裝置概論

1.1 個人行動裝置簡介
1.2 資通訊產品歷史
1.3 個人行動裝置發展
1.4 資通訊產品未來亮點
1.5 結論

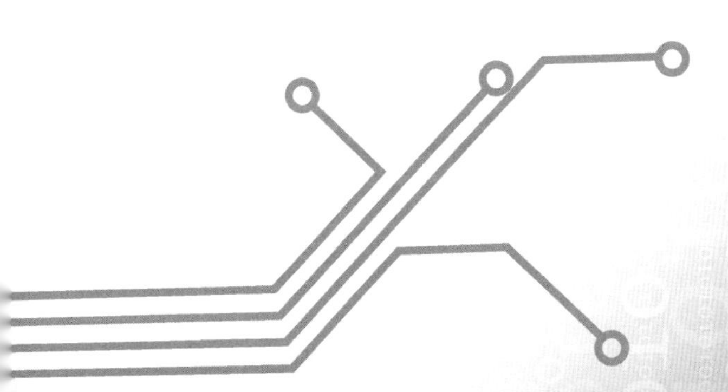

個人行動裝置概論

1.1 個人行動裝置簡介

不管是在倫敦的皮卡迪里線（Picadilly）或是東京的山手線車內，即使人們使用不同文字與語言，但是他們都有一個共同動作，就是常常會低頭使用個人行動裝置，如智慧手機（Smart Phone）與平板電腦（Tablet），隨著行動資通訊技術的普及，這個現象已經成了人類共同行爲，同時也說明了個人行動裝置對於現在以及未來人類所帶來之巨大影響。

個人行動裝置占據電子產品主流地位

個人行動裝置其實來自行動裝置（Mobile Device）微型化。在 19 世紀電磁波與通訊理論完備後，相關技術立即被實際應用於軍事中。故最早之行動裝置爲戰機、軍艦等軍事設備。第三章會詳加說明許多無線通訊技術甚至網際網路（Internet）皆源自於軍方。早期移動的汽車（Vehicle）由於接收類比廣播（AM or FM），也被視爲行動裝置之一種，事實上國際最大的電機電子組織——電機電子工程師學會（Institute of Electrical and Electronic Engineers, IEEE）旗下某一討論無線通訊技術之期刊（Journal），即以汽車命名（IEEE Transaction on Vehicular Technology）[1]。

隨著半導體技術進步及軍方釋放許多無線通訊技術。行動裝置得以微型化，專屬個人使用之行動裝置——個人行動裝置，因而誕生。最典型之個人行動裝置爲手機（Cellular Phone）與筆記型電腦（Laptop）。個人行動裝置未來仍會持續微型化至穿戴式（Wearable）裝置，如智慧眼鏡（Smart Glass）與智慧手錶（Smart Watch）等，甚至縮小至生醫（Biomedical）裝置，進入人體內監控疾病。

本書將討論個人行動裝置內所使用之技術，由於個人行動裝置事實上爲資通訊產品演化（Evolution）之過程，並非無中生有，故本書有時將使用資通訊產品代替個人行動裝置一詞，除非特別強調無線（Wireless）技術與電源最佳化（Power Saving），則會以個人行動裝置一詞強調此差異。

積體電路（Integrated Circuit, IC）在資通訊產品重要性

積體電路在資通訊產品中扮演極重要位置。所謂系統單晶片（System on Chip, SOC），就是把電路整合晶片（IC）化。由於產品是由電路所組成，而隨著系統單晶片整合，很多以前需要很多顆晶片或是介面卡的功能，都可以被做在同一顆晶片上，故IC在系統級的重要性不言而喻。

個人電腦（Personal Computer, PC）為資通訊產品典型應用

主機板上的晶片組規格，決定了板子或是系統上可支援之中央處理單元（Central Processing Unit, CPU）、動態隨機存取記憶體（Dynamic Random Access Memory, DRAM）以及圖形處理單元（Graphic Processing Unit, GPU）規格。如果選擇相同晶片組，且不計軟體（包含作業系統或應用程式）功能，不同系統商或是主機板商所設計出之產品功能差異不大，其差別最主要在於系統上的硬體線路分布（Layout）、用料品質（被動元件如電容、電感等）決定電磁干擾（Electro Magnetic Interference, EMI），電源穩定度、工業設計（Industrial Design, ID）功能。資通訊產品上下游可以更加專業分工，IC廠商專注在研發技術，而系統商則只需把重心放在工業設計、應用軟體創新以及行銷通路品牌的經營上。

資通訊產品之使用者經驗（User Experience/UE）日益重要

資通訊產品早年由於半導體技術不夠進步，終端產品普遍體積

大且重量重，主要使用者也幾乎全爲工程師。直到個人電腦發展初期，如 IBM XT 靠著試算軟體（Excel）得以進入一般會計人員使用領域，出貨量得以大增，但仍無法脫離專業技術人員使用範疇，因爲當時主要是以終端（Console）之文字命令介面（Command Line）作爲使用者介面。之後全錄（Xerox）發展圖形使用者介面（Graphic User Interface, GUI），並由 Apple 發揚光大，此爲重視使用者體驗（UE）濫觴，資通訊廠商開始重視終端使用者操作體驗之便利性。

產品外型為系統商產品競爭重點

對於 Apple（或者更精準地說應該是賈柏斯）而言，除了使用者介面外，產品外型設計也就是所謂的工業設計（ID），更是公司精神之展現。Apple 從發展以來就以優美外型設計聞名。早年因爲半導體製程不夠先進，許多 IC 無法整合，導致終端產品不易輕薄，工業設計師對於產品外觀設計常有巧婦難爲無米之炊之憾，隨著製程進步與無線網路技術發展，終端產品微型化後，此時外殼材質之選擇（金屬或塑膠），焊接技術、拋光等工業設計，決定了外型、顏色及觸摸之質感。外型設計美觀對於消費者之吸引力已有漸漸大於內部功能的趨勢 [2]。

iPhone 內之 IC

以 Apple 公司爲例，其 iPhone 6 前使用 A 系列應用處理器（Application Processor, AP），搭上高通（Qualcomm）電信基頻的通訊晶片、博通（Broadcom）的 WiFi 晶片以及爾必達與三星的記憶體晶片，含行動動態隨機存取記憶體（Mobile DRAM）以及快閃記憶體（FLASH）等。以上除了應用處理器爲 Apple 自行開發，其 A 系列處理器使用安謀（ARM）授權之指令集（Instruction Set）架構以及 Imagination Technology 繪圖晶片技術以外，硬體規格皆由其他IC廠所提供，故Apple本身可更專注在外型（專利法中的新式樣／新型）之工業設計、機械工法的材質選擇，甚至還包含最重要的軟體內容，例如發展出Siris等語音軟體、iOS、iTune、iClound以及系統專利的發展上，IC在資通訊產品產業所扮演的角色可見一斑。

資通訊產品特性

1. 首次開發困難，重製容易

資通訊產品可分為由硬體（包括IC以及其相關零件與電路板）與軟體所組成。軟體特性即是一開始開發時需要花費很多時間與成本。但一旦被設計出來之後，重製成本幾乎為零。硬體部分也非常類似，不管是IC或是印刷電路板（Printed Circuit Board, PCB），前段開發時間與研發費用都需要較高成本，後續製造只需以「印刷」方式重複原先已驗證過之版本即可。

事實上IC發明專利在使用類似印刷電路板之印刷技術，於當年也是非常重要的議題。故資訊產品開發商在決定投入產品時，對市場定位、技術研究都非常重要，一旦做出錯誤的決策，將會付出極大的成本。

2. 產品不易維修，量產後出錯付出代價大

產品開發完成即可量產出貨，此時資通訊產品一旦流入市面，若遇到問題，雖可有機會透過軟體修復，但有些問題無法以軟體更新方式解決。此時就考驗資通訊廠商面對危機處理的能力，茲舉下面兩則為例：

(1) 1994年美國維吉尼亞州林赤堡學院（Lynchburg College）的奈斯理（Nicely）教授，在做質數研究時發現，他以Intel公司剛推出的Pentium（代號P5）與前代486晶片做相同運算，但兩者結果不同。此問題來自當初設計時，內部資料單元的浮點除法（Floating Point Division, FDIV）運算設計有誤，浮點運

算單元在 486 以前，多數以協同處理器（Coprocessor）如 x87 系列加速運算。奈斯理教授因爲當時找不到適合的管道解決此事，所以就把這事件公開在網路上。

許多使用者開始打電話到 Intel 詢問影響，有些甚至要求更換晶片。Intel 表示公司一開始測試時便已發現此問題，但經其評估後，由於已量產且認爲不足以對使用者造成影響，於是決定採用說明方式向大眾解釋這種特定的錯誤出現機率只有數十億分之一，也就是每天使用 Excel ，可能要好幾百年才會出現一次錯誤，所以對大多數用戶不會產生影響。

1994 年 11 月 22 日 CNN 開始在全球發送消息，指出 Pentium 處理器有瑕疵，傳播媒體立刻將消息發送到全球每一個角落，即使 Intel 的客戶如 OEM 等廠商一開始半信半疑不採取任何動作，但風暴還是越演越烈。12 月 12 日 IBM 宣布停止含有 Pentium 處理器的 PC 出貨，成了壓垮 Intel 的最後一根稻草。9 天後，Intel 在華爾街日報上宣布，願意無條件更換所有含瑕疵的 Pentium。風波才告一段落 [3]。

(2) 2010 年 Apple 公司推出 iPhone 4，與前一代最大差別爲機體採用不鏽鋼邊框，金屬邊框容易影響手機天線接收之效能，但手機整體質感優於不會影響天線的塑膠機殼。此外型質感與效能功用的取捨（Trade off）議題在 Apple 討論多次後，一向對質感造型追求完美的賈伯斯決定還是採用這個可能造成收訊不良的金屬作爲 iPhone 4 的邊框，甚至否決了工程師建議增加一個透明保護套作爲代替方案。

iPhone 4 上市後，雖然造成了轟動熱賣，但隨著使用消費者增加，天線收訊不良的問題也跟著甚囂塵上，七月初消費者報導由於此天線問題，無法推薦消費者購買。Apple 最後在眾多壓力下，不得不提出如果任何消費者買了 iPhone 4，覺得不高興或不滿意，隨時可以退貨或是向 Apple 索取免費的塑膠保護套，

才平息了這場紛爭 [4]。

1.2 資通訊產品歷史

資通訊的目的就是資訊流通。自人類有歷史以來，就一直有傳遞資訊的需要。傳遞訊息首先第一步需要產生訊息，另外傳遞訊息方式可分兩種，一種則是空間性，另一種是時間性。

產生訊息

訊息本身以電機專業的術語來說就是編碼。文字本身即是一種訊息、一種碼，其目的是用來使其他人可以了解我們的意思（解碼過程）。透過了文字，人類可以把資訊給流傳後代，牛頓說過他之所以可以看得更遠，是因爲站在巨人的肩膀上。故文字的發明，對人類文化和技術進步有關鍵性的影響。中國《淮南子》、《本經》中寫道：「昔者倉頡作書，而天語粟，鬼夜哭」。以文字的發明讓上天震驚到降下粟穀、鬼魂會在晚上哭泣來形容文字問世的影響。

編解碼在資通訊領域中是非常重要領域，例如影像、語音與資料的壓縮。透過壓縮技術可以在相同的儲存媒體中有更多的訊息被留下來。例如目前 DVD 、藍光（Blue Ray）電影即由 MPEG2 與 H.264 的壓縮編碼技術所發展，此爲數位通訊領域中的訊源碼（Source Coding）。

傳遞訊息的方式

1. 空間性

一般人印象中認爲通訊即是以空間性傳遞訊息。此特性是在不同地點遞送訊息。在數百年前歐洲、日本以及中國都有驛站的存在。驛站是傳遞訊息或物品者在中途休息的場所，目前歐洲還有留下許多當年作爲驛站的設施，傳遞的媒介包含馬或是鴿子。

近代透過電磁波的發明，人類開始懂得運用電來傳遞訊息，電磁波擁有光的速度，可以瞬間把訊息跨越太平洋，不管傳遞的媒介是有線纜線或是無線的衛星通訊，此訊息傳遞方式在數位通訊領域爲通道碼研究（Channel Coding）的範疇。

2. 時間性

另一種時間性傳遞訊息即是使用儲存媒體將訊息記錄下來。在中國早期會利用龜殼、竹簡記錄當時的資訊，在紙張發明之後，方便性更是大爲提高。

進入了資訊革命的時代之後，儲存媒體從靜態記憶體（Static Random Access Memory, SRAM）、動態記憶體、快閃記憶體以及硬碟（Hard Disk Drive, HDD）到光碟（Optic Disk）。分別在儲存訊息上扮演了不同的重要角色。事實上，在大容量的儲存媒體例如硬碟或是光碟，其內部也使用通道編碼，因爲在高密度的讀取通道中，部分反應（Partial Response）的特性以及面對雜訊（Noise）的處理，事實上非常近似在無線通訊中所遇到的問題。

貨物流動促成經濟高速發展

15 世紀時，歐洲皇室貴族常透過陸路獲得印度的肉桂、香料等調味料來生產食物，但是自從鄂圖曼帝國攻陷了君士坦丁堡，占領了西亞、北非以及東歐巴爾幹半島之後，阻斷了歐陸與東南亞的陸路交通，迫使西方開始尋找海路進行貨物的流動，繼而促進葡萄牙人迪亞士發現非洲好望角，甚至是哥倫布發現美洲大陸。世界的經濟自此之後開始進入蓬勃發展。直到現在，貨物流動一直都是國際貿易重要的一環。

訊息流動開創資訊革命

隨著工業革命的發明，人類進入電氣時代，甚至數位化革命，流通標的再也不侷限於貨物實體。訊息的流動促進了網路的誕生，資通訊產品所提供訊息之流動，更是深入人類日常生活，人們可以隨時上傳分享自己的照片或影片，於自己所在的地點打卡分享給親朋好友，或者利用資通訊產品接收最新的新聞、買賣貨物、股票投資等。20 世紀後的數位資通訊產品，其實就像 14、15 世紀的遠洋貿易船或是 19 世紀末期發明的飛機，都爲了促進人類幸福與經濟的發展做出卓越的貢獻。

由於科技之進步，資通訊產品長年來變化幅度非常大，由於資通訊範圍廣大，茲由構成資通訊產品主要運算核心微處理器（Microprocessor）變化，闡述近年來資通訊產品進步，以 John Hennessy and David Patterson 所著之《計算機結構》（*Computer Architecture, A Quantitative Approach*）爲例，闡述資通訊產品之變化。該書 1990 年出版第 1 版 [5]，至 2012 年已出版至第 5 版 [5]，該書不同版本的目錄如表 1.1。

表 1.1　《計算機結構》一書不同版本目錄

章節	第 1 版（1990）	第 5 版（2012）
CH1	電腦設計基礎	量化設計分析之基礎
CH2	效能與成本	記憶體體系設計
CH3	指令集設計原則	指令階層平行與開拓性
CH4	指令集內容	資料階層平行性
CH5	處理器實作技術	執行序階層平行性
CH6	管線	超大型電腦平行性
CH7	向量處理器	附錄 A：指令集設計原則
CH8	記憶體體系設計	附錄 B：記憶體體系審視
CH9	輸出入系統	附錄 C：管線基本觀念
CH10	未來趨勢	

平行處理的進步

由表 1.1 可知，23 年來微處理器最大的改變就是平行性（Parallelism），1990 年主流的資通訊產品（多數為電腦）為單一計算核心（表 1.1 CH6 的指令管線化亦為平行計算之一種，但此技術當時較不普遍），到了 2014 年，除了使用多核心計算之外，每個核心之間開拓本身的指令平行性、資料階層平行性與執行序階層平行性（表 1.1 CH5-2），皆已用在多數電腦、平板電腦與智慧型手機中。目的為加速資通訊產品之計算效能，增加應用服務，在 90 年代需要大型電腦運算，才可播放之 3D 電影，現在智慧型手機已可播放，隨著計算能力增加，未來每位消費者皆可預期使用手機觀看如阿凡達（Avatar）這類 4K2K3D 電影 [6]。

翻開資通訊產品演進的過程，從最早的大型電腦主機（Mainframe），如 IBM360 等可占用如教室般空間大小的體積，到現在人手一機的行動裝置，如智慧型手機及平板電腦。資通訊產品效能是越來越強，但是體積（Volume）越來越小。數量（Device Number）越來越多，如圖 1.1 所示，通訊速度越來越快，連線方式則從有線轉向無線。

網際網路（Internet）的起源

網路網路最早在 1950 年代由美國國防部之下的 ARPA 組織把許多網路連結起來，作為研究之用。後來許多國家以及大學也紛紛加入網際網路。隨著連上的電腦越多，網路的發展也更加蓬勃。在 90 年代，除了學術使用以外，其他商業服務也慢慢加入了網際網路，藉著個人電腦的蓬勃發展與全球資訊網的發明（World Wide Website, WWW）加速促進了網路網路興起。

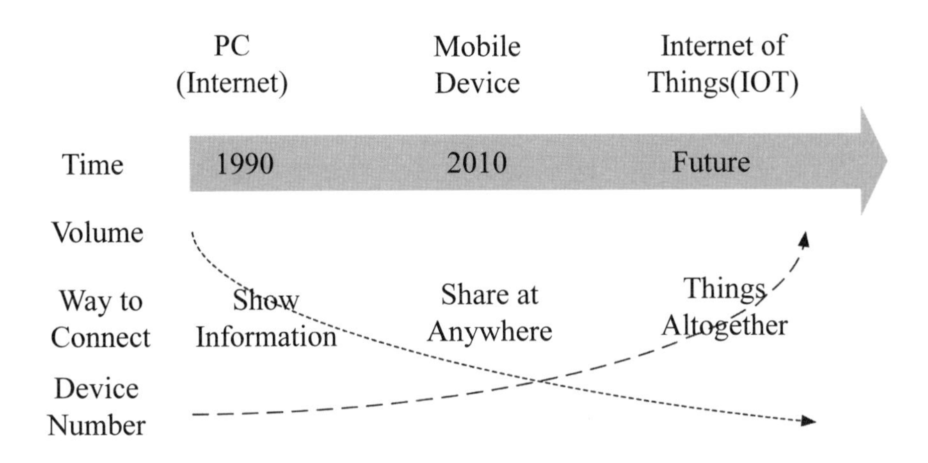

有了全球資訊網，廠商可以藉由架設網站（大型主機）行銷自己公司產品，提供即時且無距離的服務，而消費者可以透過瀏覽器，如網景（Netscape）之領航者（Navigator）、探險者（Internet Explorer, IE）瀏覽網站，此新興的模式也同時造成商業行銷模式改變，不但實體商店紛紛開設網路線上部門，甚至也造成許多專營線上服務公司的興起，例如雅虎、亞馬遜書店等。

過去 10 多年來，網際網路每年新增的訊息量高速增長，在可預見的未來，暴增的資料量也將持續成長下去，於是如何組織提供人們正確需要的資訊變成一個重要議題，Google 之所以在網路世界成長快速，便是歸功於其所開發的搜尋引擎。

電信網路資訊大爆發

2000 年以前網路多以電信撥接或是區域網路連接上網去瀏覽由伺服器架成的網站。2000 年以後行動裝置興起，個人數位助理裝置（Personal Digital Assistant, PDA）與手機等行動裝置開始流行，直到 2010 年以後，個人數位助理裝置與手機結合，人們可以在任何地點、任何時候皆上網分享圖片甚至影像訊息，於是社交網站如臉書（Facebook）或是推特（Twitter）在近幾年開始大流行。

個人電腦逐漸式微

網路連結趨勢從早期工作站連結伺服器，再到個人電腦相互連結到今日的行動裝置上網，體積越來越小。可上網裝置也越來越多。資通訊產品的重心也從個人電腦朝著行動裝置發展。如圖 1.2 顯示個人電腦出貨量日益減少，2014 年索尼（SONY）宣布出售個人電腦事業部（Vaio），傳統電腦巨人戴爾（Dell）電腦宣布下市，個人電腦未來仍有特定需求，例如專業人士工作需要，雖不會完全消失，但卻無法如過去主宰一般消費家庭。

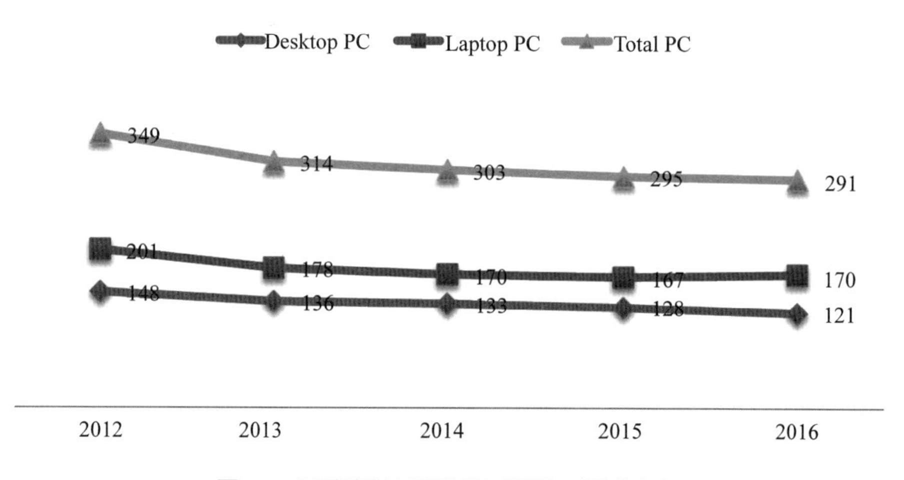

圖1.2　電腦出貨量預估圖（單位：百萬台）

資料來源：IDC

個人行動裝置成為亮點

與漢諾威電腦展（Cebit）、台北國際電腦展（Computex）並稱國際三大電腦展的美國消費電子展（CES），在 2013 年首次由行動通訊大廠高通，取代已經連續 12 年參展的微軟發表開幕演說，在此同時位於西班牙巴賽隆納的移動世界通訊大會展（MWC）參展的廠商數與攤位數近年來屢創新高，除了原有的電信廠商外，個人電腦廠商也紛紛參與，由此可知個人行動裝置之熱門程度。

資通訊產品無所不在（Anywhere）

根據這數十年網路演進趨勢之下，訊息交換的內容將會由人與人之間擴大為包含物與物之間的訊息交換，物聯網（Internet of Things, IOT）與機器對機器（Machine to Machine, M2M）將會是未來的主軸。不只是現在，而是隨時隨地行動分享，未來通訊網路將會整合一切進入網路（Connect Everything），不再僅限於目前的人機互動介面。包括電視、汽車、家電甚至住宅都將進入互相交換訊息的物聯網時代。

1.3 個人行動裝置發展

個人行動裝置發展快速，硬體架構反應歷史發展軌跡，本節以 2004 年筆記型電腦（Laptop）與 2014 年智慧型手錶（Smart Watch）內部架構為例說明，如圖 1.3 所示。

2004 年筆記型電腦內部架構

圖 1.3 左部顯示 2004 內部架構圖。其架構根據運算速度分為兩部分，上部分中心稱為北橋（North Bridge）主要連結如中央處理單元，圖形處理單元／卡與動態隨機存取記憶體等高速裝置。下部分南橋（South Bridge）連結較慢裝置等，南北橋透過各家廠商私有介面互相連結。主要會分隔為兩部分是因為高速裝置效能成長快速，隔離設計後可使高速裝置不再被為了相容過去標準的慢速裝置阻礙高速裝置成長。

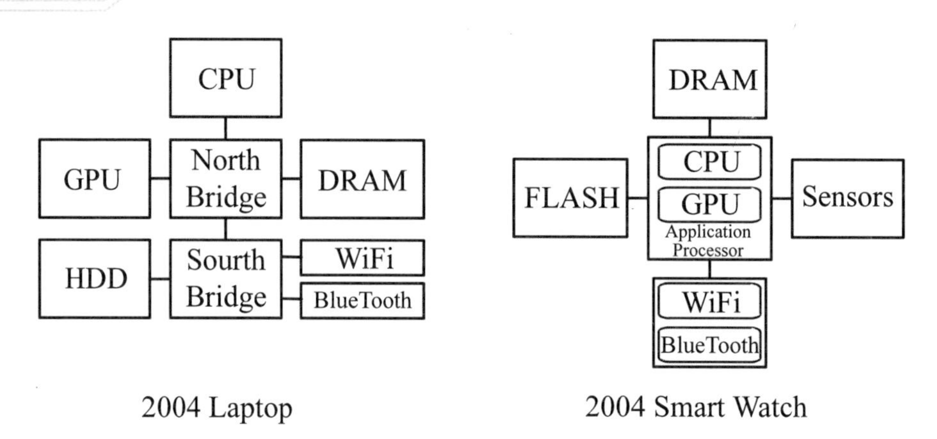

圖1.3　個人行動裝置架構演變圖

南橋透過周邊電腦介面（Peripheral Computer Interface, PCI）連結 WiFi（IEEE 802.11）與乙太網路（Ethernet）、通用序列匯流排（Universal Serial Bus, USB）裝置、整合驅動電子（Integrated Drive Electronics, IDE）連結硬碟與光碟等儲存裝置。

2014 年智慧手錶內部架構

圖 1.3 右部顯示 2014 年智慧手錶內部架構圖。由於嵌入式處理器多使用安謀處理器。透過進階微控制器匯流排架構（Advanced Microcontroller Bus Architecture, AMBA）連結圖形處理單元等，除動態隨機存取記憶體外，儲存媒體還包含快閃記憶體。無線連結則透過 WiFi 與藍芽（BlueTooth, BT），近場通訊技術（Near Field Communication, NFC）另包含許多類比單元如感測器（Sensors）。

表 1.2　個人行動裝置差異表

	2004 年 12 吋筆記型電腦	2014 年智慧手錶
體積	12 吋螢幕	1.3 吋螢幕
重量	1.5 公斤	20 公克
儲存媒體	硬碟	快閃記憶體
主要類比裝置	無	感測器
無線傳輸	11 Mbps WiFi，藍芽	867 Mbps WiFi，藍芽，近場通訊技術
半導體製程	0.13 微米（130 奈米）	20 奈米

10 年來產品演變最大差異為體積與重量

表 1.2 列出兩者差異比較，其中最大差異爲體積與重量大幅變小與變輕。促此進步的最大功臣爲半導體製程微縮（從 130 降至 20 奈米），除了 IC 變小與高度整合外，儲存媒體將原本機器類硬碟換成半導體之快閃記憶體更是促進終端裝置變小之主因。

無線與類比功能如雨後春筍

2014 年智慧手錶較 2004 年筆記型電腦另一不同者爲整合許多無線與類比功能。2004 年雖已整合藍芽與 WiFi，但傳輸速度遠遠不及 2014 年（WiFi 成長將近 80 倍）。2014 年並整合進入金融消費應用之近場通訊技術，將可取代信用卡（Credit Card）。另一方面，相較於 2004 年沒有主要類比應用功能，在 2014 年類比感測裝置全面進入，透過此裝置，智慧手錶可實現健康照護（Health-care）功能。

個人行動裝置功能成長日新月異

個人行動裝置除了功能日益增加外，運算效能也同步成長，例如應用處理器內之中央處理單元、圖形處理單元、網路傳輸單元等。其中關於中央處理單元與網路傳輸單元發展歷史將分別於本書第二與第三章說明，本節只說明圖形處理單元有關螢幕解析度發展歷史。

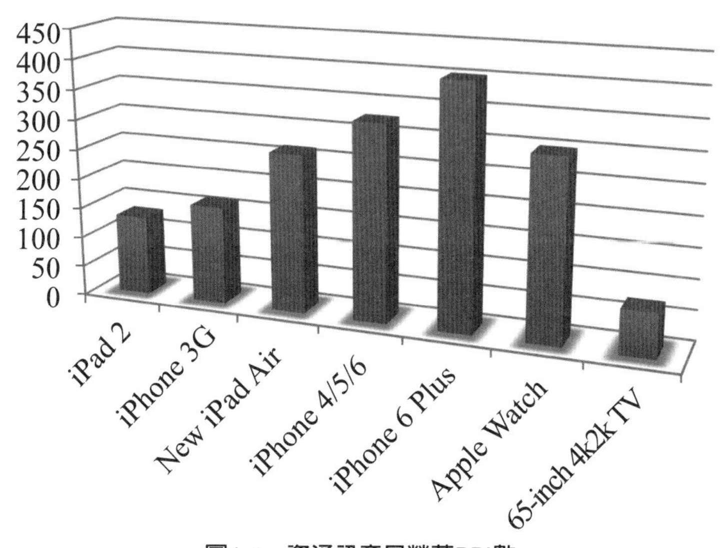

圖1.4 資通訊產品螢幕PPI數

個人行動裝置單位解析度為資通訊產品之中最高

圖 1.4 說明常見資通訊產品中之螢幕單位解析度。所謂螢幕單位解析度爲螢幕解析度除以螢幕尺寸，常見以每英吋可顯示多少像數（Pixels Per Inch, PPI）代表，此數值越高，顯示畫質通常越精細。由圖 1.4 可知手機之 PPI 數最高。

人眼觀看螢幕解析度

人眼觀看螢幕品質除需考慮 PPI 之外，另外也與觀賞距離有關。觀看距離越遠，人眼（視網膜，Retina）越不容易分辨畫質差異，故大尺寸電視由於觀賞距離遠遠大於手機所使用之螢幕，故圖 1.4 顯示在 2014 高階 65 吋 4K2K 解析度電視 PPI 也只有 73。

螢幕解析度持續成長趨勢

圖 1.4 顯示個人行動裝置螢幕解析度持續成長。2014 年某些手機解析度已可超越 500 PPI，接近 2014 年薄膜電晶體（Thin-Film Transistor, TFT）製程能力，如果未來個人行動裝置解析度持續成長，例如將電視推行之 4K2K（3840×2160）畫質放入 iPhone 6 Plus（5.5 吋螢幕），其 PPI 將會高達 824，此數值已經遠遠超過 2014 年薄膜電晶體製程極限，除非尋找其他材質，否則短期內較難以達成此目標。

感測裝置（Sensor）未來將蓬勃發展

感測裝置很早即爲人類所使用，例如車輛內之安全氣囊，運作原理爲偵測運動中車輛速度的突然降低（慣性改變）。近年來透過電子與物理動作結合之微機電（MicroElectroMechanical Systems, MEMs）技術發展，更多全新發展之感測裝置紛紛納入個人行動裝置內，未來亦將持續。智慧汽車與穿戴式裝置將是未來感測裝置發展之兩大主要應用。

穿戴式裝置亮點為感測裝置

穿戴式裝置由於體積較一般手機或平板電腦爲小，內含之電池大小也無法與智慧型手機相比，故對於裝置中耗電量較大之電信（Cellular）功能、大尺寸面板、處理器運算功能等，在穿戴式裝置內皆需弱化，例如 2014 年 Apple 發表的專爲 Apple Watch 設計之核心 S1，其 CPU 等內部數位運算單元效能皆遠不如同期發表之 iPhone 6 內核心 A8，唯獨感測裝置因其耗電較小較無此現象，但也有挑戰需克服，因其不只牽涉半導體製程，還包含物理甚至化學等實體感測，未來多顆微機電單元整合爲單核心將遭遇更大困難。

感測裝置可分爲三大種類：活動偵測、環境感測與生醫健康照護。

1. 活動偵測

最早感測裝置爲偵測運動，加速度計（Accelerometer）的運作方式是利用電容原理偵測實體位移，加上陀螺儀（Gyroscope）與磁力計（Magnetometer）擴展爲 xyz 三軸，可組成基本之九軸感測器，可偵測動作方向並與全球定位系統（GPS）合作產生導航功能。

2. 環境感測

活動偵測裝置納入個人行動裝置之後，利用物理或是化學反應之具有偵測環境功能的感測裝置也紛紛發展出來，例如可偵測周邊光源自動調整面板亮度、偵測位置海拔功能的壓力計、溫度／濕度計、偵測紫外線（UV）強度計，甚至未來將開發偵測空氣品質之感測器。

3. 生醫健康照護

穿戴式裝置與手機等最大不同爲其多數可直接接觸人體皮膚，例如手錶、手環等，加上其長期隨身特性，非常適合用於生醫健康照護。從基本記錄心臟跳動開始，繼而透過快速傅立葉轉換（FFT）執行心電圖（ElectroCardioGraphy, ECG）與腦波圖（ElectroEncephaloGraphy, EEG）監控分析功能，未來甚至可能納入非侵入性血糖偵測功能，隨時將人體狀況透過無線傳輸至醫院，以達成照護目的。

1.4 資通訊產品未來亮點

未來物聯網將會與個人行動裝置同時主導人類下一代資訊生活，根據高盛證券（Goldman Sachs）預估物聯網所構建之資訊生活成長率將高速增加，如圖 1.5 說明了物聯網未來營收成長預估。在高速成長背後，本書揭櫫了以下幾點關於未來資通訊產品發展之特色：

圖1.5　物聯網營收預估圖

單位：兆美元　資料來源：高盛證券

1. 效能（Performance）與功耗（Power Consumption）的平衡

在資通訊發展史中，如上節所述，效能追求一直都是新產品賣點。產品時脈（Clock）需要越來越快，功能必須越來越多，在過去數十年來不管是是個人電腦或是近 10 年以來個人行動裝置產品皆是以追求效能爲主，此舉引發了功耗無止盡的膨脹。雖然透過製程微縮可以降低電壓以及單位電流，但因爲時脈以及整合電路的暴增，長期以來整體功耗還是還是呈現上升的趨勢。功耗增加對於資通訊產品將會導致兩項問題：

(1) 散熱：

隨著功耗加大，大電流與電壓會伴隨著熱能出現。溫度升高的結果，輕則因雜訊加大，導致電晶體的判斷位準（Threshold）誤動作，此雜訊情況對類比電路傷害比數位電路更嚴重。更嚴重者可能導致電路燒毀。在 IBM AT（配置 80286 CPU）時代尚不需要任何輔助散熱工具，到了 80386/80486 時代已經需要在 CPU 上輔以散熱片，Pentium 以後到現在任何個人電腦（含筆記型電腦）更需要配以專門風扇以使微處理器正常運作。

冷卻模組進步緩慢

在超級電腦、工作站伺服器或是大型資料中心（Data Center）功耗更是驚人，其之所以需要配置於冷氣房工作中，即是爲了處理這非常惱人的散熱問題。個人行動裝置因爲整體體積較小，爲了容易隨身攜帶，大型散熱工具如風扇等，都無法置入裝置當中，未來如何處理散熱問題，將成爲行動裝置設計廠商需慎重思考的問題之一。

(2) 耗能：

最近數十年來，由於二氧化碳排放造成溫室效應的全球暖化問題已經陸續受到大眾的注目，各國無不重視節能減碳議題。在2000 年以前效能評估幾乎都不納入耗能作爲考量，雖然早在1992 年美國環保署即開始提倡能源之星認證，凡是通過此節能標準皆可得到標章認證，但因爲此標準並無強制性，以至於節能效果不易顯示。

減碳成爲全球共識

2000 年後對於環保的要求日益提高，歐盟甚至開始提倡以碳稅逼迫廠商必須注意節能問題，產品效能／單位耗能比已逐漸被重視。尤其在 2011 年 3 月 11 日本福島核災以來，提倡綠色潔淨能源呼聲不斷，這使得資通訊產品工程師面對更嚴格的設計挑戰。尤其是行動裝置廠商，在電池容量不易成長的先天性限制下，如何使得行動裝置有更長的待機與運作時間，有待更多工程師的努力。

在 2012 年 3 月 26 日微處理器報導（Microprocessor Report）刊登討論核心數目是否會持續成長 [7]，自從英特爾在 2006 年推出第一顆四核心處理器之後，PC 的主流便一直停滯維持在四核心。原因是除了重度使用者之外，絕大多數的桌上型應用軟體都不會需要超過四顆核心同時運作，同樣的理由也可以用來解釋行動裝置應用處理器。

行動裝置可使用時間大於追求絕對運算效能

根據統計，與其重視核心數目的成長，絕大多數的使用者更在乎耗能問題，是否可以有更長的通話／上網的時間才是使用者重視的議題，根據智慧型手機各元件耗能的分析，面板占50%，應用處理器占20%，無線網路、藍芽和記憶體等周邊約占10%，基頻與射頻通訊元件也約占15%左右，故電晶體相關部分占整台智慧型手機功耗超過45%左右，影響手機通訊時間可謂不小。

2. 資通訊產品智慧化

手機之所以智慧（Smart），因在於手機內部有許多感測器（Sensors）以及可以上網取得資訊，藉由手機裡頭的應用處理器（Application Processor）執行資訊的分析與應用。故未來由智慧型裝置所建構的物聯網時代，必將是大量資訊無須藉由人力的介入，即可聰明（Smart）完成任何人的需要。故未來任何的電子裝置必定備配三項元件：微控制器、通訊以及感應器，試舉相關應用如下：

(1) 穿戴式裝置：

由上圖所示資通訊產品的體積隨著科技進步小型化，穿戴式裝置如眼鏡、手錶、衣服、手環等配件預期將會成爲資通訊產品一環，藉由雲端（Cloud）與巨量（Big Data）運算，未來個人無時無刻都可以接收即時資訊，此趨勢對原產業廠商影響，如果是以精品、藝術與設計時尚感爲市場分隔之傳統手錶商與眼鏡商，較不易受此穿戴式裝置風潮影響，但如果是以低價取勝之廠商則須審愼面對此一趨勢。

(2) 智慧家電：

智慧裝置以及相關技術將從現行手機、平板電腦開始進入傳統消費性電子（Consumer），例如射頻辨識技術（Radio Frequency IDentification, RFID）可以查詢貨物過去歷史流程，將可應用在食品物流衛生確認；近場通訊技術（Near Field Communication, NFC）整合金融、電信業與消費性通路。電冰箱、洗衣機、微波爐等除了感測相關應用與無線交換資訊外，也能自動根據應用需要，調整耗能狀態。例如目前多核處理器即會根據軟體使用情形，視情況調降工作頻率甚至直接關掉不必要的處理核心電源，以達成節能需求。

(3) 智慧住宅：

進入物聯網時代後，勢必牽動到智慧住宅的需求。在世界能源需求高漲，環保意識抬頭的現今，各國無不追求對環境的永續經營，故結合裝設綠能發電、智慧電網以及智慧家電的智慧住宅變成未來資通訊產品重要發展趨勢。例如每個家庭除了備有可藉由太陽能主動發電功能外，根據每天耗能狀況不同，將多餘的電能儲存或是藉由智慧電網傳送到其他需要量大的家庭，藉由動態調整能源的需求達到利用效率最大化。

目前世界各國中在智慧家電以及智慧住宅研發處於領先地位的國家首推日本，因其除了原本深厚的資通訊研發基礎外，311福島核災與天然能源的缺乏更讓日本企業警惕，故將全力發展相關技術，期在未來資通訊產業繼續保持領先。

(4) 智慧汽車：

汽車很早即具有無線通訊功能，但當時只有移動中接收廣播的功能。目前汽車雖皆有接收數位電視功能，但未來無線通訊將不只有傳統收視功能，透過先進駕駛輔助系統（ADAS）以及車輛與車輛間通訊（Vehicle to Vehicle Communication, V2V），可以分析車輛周遭交通狀況，包括位置、車速等，預見可能風險可提醒駕駛人。

美國交通部（U.S. Department of Transportation）曾經於道路中實際測試車輛與車輛間通訊，發現的確有助於大幅減少車輛事故，故美國交通部於 2014 年 2 月發布研究報告，將會促進立法規定未來每台汽車均需配備此通訊系統 [8]。

1.5 結論

積體電路於資通訊產品扮演重要地位

積體電路由於負責扮演資通訊產品內之運算功能，將演算法透過實際電路運作，提供目前各種網路、通話、影像播放、照相功能。藉由積體電路專注於功能性應用，終端系統商可專注於工業設計、設計出質感、時尚產品或提供應用軟體服務，兩者相輔相成。

個人行動裝置為資通訊產品演化必然結果

每當 Apple 公司首賣 iPhone 時（包括 iPad 等）即使在不同國家，都可見不同膚色客戶排隊搶購。在某些已開發國家，出售之個人行動裝置總額已超越該國總人口，人類對個人行動裝置需求可見一斑，第二節說明了資通訊產品發展歷史，透過了解其過去，我們可以理解到熱賣之 iPhone 並非突然出現之革命（Revolution）產品，而是不斷演化（Evolution）之結果，未來也將持續微縮至穿戴式裝置。

資通訊產品體積與重量縮小歸功於半導體積體電路進步

半導體業界有一摩爾定律，其預測了積體電路上可容納之電晶體（Transistors）數目，約隔 18 個月將會遞增一倍，意味著同樣功能積體電路每隔 18 個月即會縮小一倍，或者在相同實體尺寸積體電路內，可增加一倍電晶體以提供新增功能，透過積體電路製程進步，早年如教室般電腦體積可縮小至個人電腦，目前更進一步縮小至行動電話、未來穿戴式裝置、生醫，它們亦將隨著同樣趨勢發展。

微縮之個人行動裝置將遍及人類生活每一角落

透過機器與機器通訊，包含汽車與汽車間或是家電與家電之間通訊，資通訊產品將建立未來方便之智慧家居（城市），甚至結合生物醫學，不只是提供方便娛樂性，更能促進人類健康生活。

參考文獻

[1] http://ieeexplore.ieee.org/xpl/periodicals.jsp

[2] Nikkei Design編，APPLE Design產品設計的秘密，朱炳樹、張雅琇譯，旗標出版，2014。

[3] 虞有澄，Intel 創新之祕，天下文化，1999。

[4] 華特、艾薩克森，賈伯斯傳，天下文化，2011。

[5] John l. Hennessy, David A. Patterson, Computer Architecture A Quantitative Approach, Morgan Kaufmann, 1990.

[6] John l. Hennessy, David A. Patterson, Computer Architecture A Quantitative Approach, 5/E, Morgan Kaufmann, 2012.

[7] Linley Gwennan, End of the Core War, Microprocessor Report, Linley Group, March 26, 2012.

[8] http://www.its.dot.gov/press/2014/v2v_lightvehicles.htm

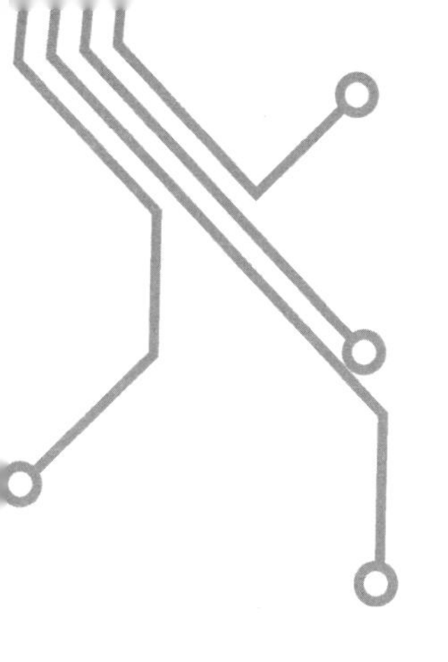

第 2 章

微處理器概論

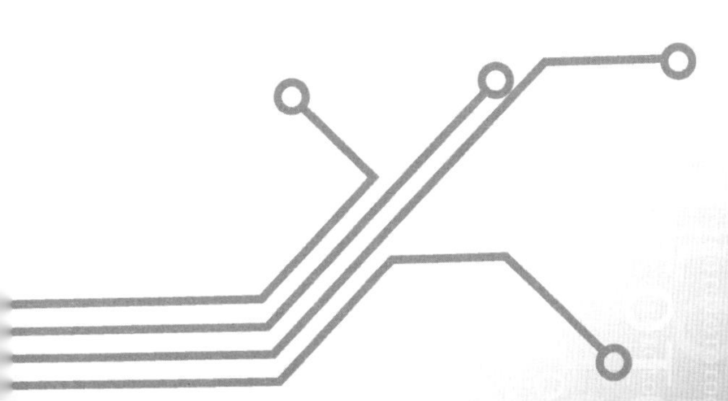

微處理器概論

2.1 大型電腦與個人電腦時代

計算（Computing）起源

在 19 世紀以前，人們就常常需要做計算的工作，Computer 這個詞在當時甚至還被認爲是一種職業。小如手錶的製作，大到如天文、航海的量測，都需要做計算的工作，事實上如果以運算的原理來看，這些 18 世紀運作之計算程序與原理，與 1920 年代所使用的打卡機以及目前人手一機的個人行動裝置並無二致，新科技的出現只是取代現有的材料，但並沒有改變系統元件本身運作之原則。

現在為過去之延伸

資通訊歷史發展中「相容性」非常關鍵，處處可見其蹤影，例如微軟公司視窗（Windows）系統會相容前版應用軟體。最早相容性情況可以用 19 世紀末發明應用於辦公室之打字機爲例，打字機在資通訊發展歷史上扮演相當重要角色，目前生活中使用之筆記型電腦、平板電腦與智慧型手機顯示之鍵盤排列序列——QWERTY，即可追溯於 19 世紀末發明的打字機鍵盤排列。

電腦最早來自軍事運用

一般被公認爲第一台的電腦爲賓夕法尼亞大學所開發出電子數值積分器與計算機（Electronic Numerical Integrator And Computer, ENIAC）[1]。ENIAC 最早被開發是爲了解決製造原子彈所需要大量計算工作，其由 18,000 支眞空管等組成，成本高達 40 萬美元。ENIAC 被發明後，後續開發類似機種仍主要被運用在科學與學術用途上，直到國際商業機器公司（International Business

Manufacturer, IBM）開發出具商業性質電腦，整個電腦才開始慢慢普及到商業用途。

電晶體取代真空管成為電腦元件

電晶體發明（第四章第一節）後，其體積小、重量輕、運算速度快之特性快速取代眞空管在電腦中地位。1959 年 IBM 推出 1401 爲第一台由電晶體所組成之電腦，其後 360 系列更是奠定 IBM 在大型電腦（Mainframe）地位。

Intel 初期產品為記憶體元件

1968 年諾宜斯、摩爾以及葛洛夫三人離開快捷半導體，創立英特爾（Intel）。這是由積體與電子（Integrated Electronic）兩個英文字所組成的，Intel 最早的產品是做記憶體元件，從靜態記憶體（Static RAM）到可擦可改寫記憶體（Erasable Programmable Read Only Memory, EPROM）等。70 年代初期，Intel 幾乎享有 90% 的市場占有率，後因日本公司進入記憶體市場，日本用較便宜的成本以及匯率因素很快就橫掃了記憶體市場，到了 1984 年底，記憶體的營收占 Intel 公司內的比例已經降到 20% 以下。

微處理器濫觴

1969 年日本一家名爲 Busicom 的計算機公司找上 Intel，希望他們爲可程式化的計算機開發幾顆特製晶片，才意外促成微處理器的誕生。Intel 很快就推出了世界上第一顆微處理器 4004（4 位元晶片），當初這顆晶片只有兩千多顆電晶體，相較於 2014 年桌上型個人電腦微處理器晶片（Core i7）使用 1.7 億顆電晶體，容量相差 68 萬倍。

面對危機轉型之痛

在 1984 年，Intel 公司 40% 的營收與百分之百的利潤都來自微處理器的貢獻，但 80% 的研發費用卻花在記憶體上，這樣的結果令安迪、葛洛夫（Andy Grove）不得不痛定思痛宣布退出記憶體市場，而專注於開發微處理器 [2]，這樣經營策略的改變在近代科技公司歷史上常常看到，當以前擅長的產業發生了劇變，是否能夠即時調整往往牽涉到一家偉大的公司是否可以永續經營，Intel 成功的轉型了，但是也有類似像柯達一樣的失敗案例。

個人電腦崛起

Intel 後來推出 8086（16 位元）被用在個人電腦裡面，開創個人電腦崛起時代，後來 IBM 又推出了 AT 系列使用 80286（簡稱 286）微處理器，自從 286 之後，Intel 加入了保護模式（Protected Mode），保護模式跟 8086 眞實模式的差別就是微處理器內建硬體保護機制，提供給作業系統進行多工使用，有了保護模式，多工作業才從教科書的理論化爲商業實際使用。

個人電腦開始追上大型電腦技術

1985 年，Intel 推出了 32 位元微處理器 80386（簡稱 386）。386 是一顆 32 位元的微處理器。讓個人電腦具有與當時工作站等相同位元運算數。當 Intel 推出 386 時，其實 IBM 並非像以前推出 IBM AT 般積極態度，推銷搭載 386 之 PC，原因是這個 32 位元與新增虛擬記憶體功能的 PC 市場很有可能搶到自己主流的大型電腦業務。IBM 初期的缺席不但沒有阻止 32 位元個人電腦，反而給 COMPAQ（後被 HP 併購）與 Acer 機會做大。

新科技常破壞原有遊戲規則

上述現象其實在科技業歷史屢見不鮮，因爲科技新技術的演進，很多公司發展新技術常常有可能會威脅到公司現有的產品，尤其是如果被威脅到產品又是公司現在營收的主要來源的話，很多公司會採取較保守的態度，最後有可能從此錯失機會，導致一厥不振。Apple 在 21 世界初期的大躍進就是因爲賈柏斯完全無懼於這種擔心。賈柏斯完全不擔心推出 iPhone 會流失 iPod 的營收，其想法是如果這個產品方向是對的，即使我們不做新產品，競爭對手也會進來做。

個人電腦高速成長時期

在 386 之後，Intel 於 1991 年推出了 80486（簡稱 486）。從三變成四之後，大眾猜想下一代的處理器應是 80586，可是實際上並不是如此，因爲早在與 IBM 合作推出 PC 時，IBM 就要求微處理器需有供貨第二來源（Second Source）。所以有很多競爭對手都以 x86 爲名。因爲數字本身無法作商標登記，無法要求其他競爭對手不可使用含 86 數字產品，所以 Intel 在 486 之後決定放棄用數字作爲下一代微處理器的名字，經過員工投票後，第五代微處理器決定叫做 Pentium。這個名字是新字。Pent 在拉丁文是第五的意思，ium 的發音結尾聽起來像是一種元素，很符合第五代微處理器的身分。包含後續微處理器開發，便以 Pentium II，直到 Pentium 4 結束 [3]。

486 是第一個有硬體化（Hardwired）管線（Pipeline，簡稱 Pipe）特性之微處理器。藉由減少電子訊號在週期傳遞的特性，降低時脈之週期，同時也拉高了整個微處理器的時脈頻率。而後繼 Pentium 也是第一顆擁有多套處理單元的 x86，除了這種在同一個週期可以同時執行兩條指令被稱爲超純量（Superscalar）的新功能外，另外爲了處理指令流程的變化（在程式裡面，常常有需要使用 if else 等分支情況，這種情況不但會阻礙 Pipeline 效益，也會影響同時執行的效果）。Pentium 也第一次使用了分支預測（Branch Prediction）。雖然 Pentium 擁有多個計算單元，理論上同時處理能力可以增加兩倍，但是因爲指令之間會有資料相關性，也就是後面一個指令需要用到前一個指令運算之後的結果，此結果稱爲資料相關性（Data Dependency），故實際效能並非兩倍成長。

除了前述原因之外，另外常見妨礙微處理器可以同時執行的原因就是資源衝突（Resource Conflict），資源衝突對 x86 微處理器最大的限制就是爲了相容過去軟體，x86 的通用暫存器只有 8 個。跟其他 RISC 微處理器至少 32 個比起來少太多，於是 Pentium Pro 之後到目前的 x86 皆採用非循序（Out of Order, OoO）執行以避免這個問題。到了開發 Pentium Duo 時代，正式把大型電腦所使用多核心平行處理技術裝入一顆微處理器。

2.2 複雜指令集與精簡指令集

電腦發展初期為減少成本之設計思維

在早期電腦剛發展的時候，電腦儲放程式碼以供中央處理單元（Central Processing Unit, CPU）執行之記憶體非常昂貴，故如何減少程式碼，變成電腦在市場上是否可以成功的非常重要關鍵。爲了要減少程式碼，指令的格式越多變越好，因爲指令格式如果可以有很多種變化，那一個指令就可以做很多種動作，程式碼的數量就可以大幅減少，需要的記憶體也可以大幅減少。在這種設計思維底下，不只現在 x86（Intel, AMD）個人電腦使用複雜指令格式的指令集，大型電腦 DEC 的 VAX 以及 PDP-8，或是 IBM 360 等都採用此設計思維（Design Philosophy）。

精簡指令集之發明

在 70 年代以後，隨著製程技術越來越進步，DRAM 的容量越來越大，每單位的成本也越來越便宜。對 CPU 而言，減少程式碼數量誘因越來越低；此同時，CPU 的時脈越來越快，這時候一個新的 CPU 設計哲學（Design Philosophy）產生了——精簡指令集（Reduced Instruction Set Computing, or RISC）。

使用微碼運算為複雜指令集特色

原先的設計相對便稱爲複雜指令集（Complex Instruction Set Computing, CISC）。在 CISC 設計當中，CPU 爲了解碼複雜的指令格式（CISC 典型的指令格式就是長度不固定），通常複雜到需要把相關的控制過程放在被稱爲微碼（Micro Code）的 ROM 裡面，控制單元再根據解碼後的動作去執行。這種 CPU 設計的方法，如要改以電路實現而言是非常複雜，隨著半導體製程進步，微處理器可以放入越來越多電晶體，原有 CISC 設計過程當中遇到了 RISC 強烈的挑戰。

硬體電路運算為精簡指令集特色

RISC 設計方法很明顯的顚覆了上述減少指令數目之 CPU 設計思維，其藉由程式增加指令數的方式（缺點），換取增加 CPU 時脈和執行能力（優點）。自從 RISC 發展出現後，很明顯取得 CPU 設計的主流，在 80 年代一些新 RISC CPU 紛紛出籠，例如 PowerPC、DEC Alpha、MIPS、安謀（ARM）、SUM SPARC、甚至 Intel 亦另發展不同 x86 指令集之 i960 紛紛問世，目前市面上的 CPU 可說都是 RISC 體系，或是以 RISC 的核心模擬 x86 指令執行。

複雜指令集與精簡指令集主要差異

RISC 與 CISC 差異除了在於 RISC 指令長度固定，而 CISC 指令長度是可變外。雙方之間指令格式也是區分點，事實上經過數十年發展，RISC 新增的指令數目不見得少於當年 CISC 的指令數目，但其指令格式還是比較少，例如 RISC 常見的特點爲 MOVE 與 STORE 動作，會有獨立的指令專做記憶體搬移動作，再對搬移後的資料做運算處理，相較於 CISC ，MOVE 與 STORE 動作在許多 CISC CPU 會結合其他動作成爲一個指令。

簡單化、固定化為 RISC 設計思維核心

正因爲 RISC 的簡單化，會使 CPU 上面設計的電路大幅簡化，硬體化（Hardwired）做解碼動作變得可行，由於數位 IC 眞正所運作的時脈是取決於整個 IC 最長的運算路徑，在取代微碼運算的複雜單元之後，IC 運作時脈可以有效的進步。同時也由於電路規則化，架構設計工程師可以有多餘的時間去研究和增加新的電路資源去提升每個 CPU 週期可以運算的指令數目，來達成提升 CPU 運算能力的目的。

個人電腦發展期間 CISC 與 RISC 的互相競爭

當年 RISC 的優點足夠讓設計工程師相信 x86 所代表的 CISC 將被丟進歷史的垃圾桶中，386 可稱最典型 CISC 的代表，很多人都認爲 RISC 的出現將會終結 Intel 在 x86 的王者地位。但事實上生命是會找到出路的，在科技史上往往會活下去的是進化（Evolution）而非革命（Revolution），即便是 Intel，推出革命性（不相容於舊的 x86）CPU，都是以失敗收場。例如早期的 i960 或是與 HP 一起推出的第一代 64 位元 Itanium 系列。

CISC 與 RISC 合作於個人電腦內應用

在 80486 以後 Intel 首度嘗試將 RISC 與 CISC 結合，也就是用 Hardwired 方式去解碼 x86 指令，如果遇到很少出現或特別複雜的指令，最後再丟給了傳統微碼單元去解碼，這個方法得到了巨大成功，Intel 再一次刷新微處理器營收紀錄。到了 Pentium Pro（intel 架構代碼 P6）之後，更是進一步全面使用 RISC 去模擬 CISC 設計方法。

RISC 模擬 CISC 指令集以相容個人電腦軟體

在 Intel 的 Pentium Pro 或是 AMD 的 K6 以後皆採用了發展 RISC 運作核心去執行 x86 傳統 CISC 指令的設計哲學 [4]。使用

方法爲把每個 x86 指令先預先解碼成幾個 u-op（微操作指令），再把 u-op 丟到 RISC 的核心內去執行。此構想來自很多常用的 CISC 指令在實務上跟 RISC 的指令差異不大，只有在與記憶體有關的運算或是傳統 x86 指令才需要對應很多的 u-op。以 u-op 的觀念來看目前市面上的 x86 CPU 可以說都是 RISC CPU。

RISC 設計之優點

使用 RISC 之所以容易提高 CPU 時脈，很大原因在於導入管線觀念使用，其觀念在於指令運算到某個階段時，便把某些成果儲存起來，這樣的好處就是無需等待前一個指令運算完成後，下一個新指令才可開始執行。在一個 CPU 架構內可以有好多個指令同時處於執行狀態，因其在不同運算階段，所以可以同時被 CPU 所處理。管線化在數位同步電路優點非常大，因爲在數位同步電路當中，時脈運作週期是正反器之間的最長路徑，如果管線切的越多，表示傳送的路徑越短，時脈就可以拉高。

過度強調管線深度對整體效能並無幫助

Intel 由於在 1994 年推出 Pentium Pro 之後，個人電腦 CPU 已開始透過內部 RISC 核心模擬執行傳統 CISC 之 x86 指令，而後推出 CPU 亦維持此設計方式，在 CPU 歷史當中，管線階段最多的是 Pentium 4 所使用之 NetBurst 架構，這個架構被稱作是爲推出未來 10GHz 所做的準備架構，其高達 31 個階段。但因過多的管線階段，會造成指令因爲許多資料相依性關係而導致停滯，進而造成整個 CPU 效能不佳，且過高時脈（Clock），除了在市場行銷有極高效果外，並不符合綠能潮流，故在 Pentium 4 之後，Intel 即更新了新架構 Core ，Core 架構雖較 NetBurst 管線階段較少，但因其他運算單元較強，整體效能還是大於 NetBurst。

Intel 處理器效能追上傳統 RISC 伺服器 CPU 效能

1999 年 12 月 27 日微處理器報導（Microprocessor Report）登出 x86 處理器效能開始超越 RISC 等處理器 [5]（如 DEC Alpha[6]、IBM PPC、SUN UltraSparc 等）後，伺服器與工作站開始大量使用 x86 微處理器。在 2014 年 Intel 幾乎主宰了伺服器 CPU 市場。

RISC 對於低功耗亦有優勢

2010 年後，因應個人行動裝置風起，重視省電因素大於效能，Intel 推出 Atom x86 處理器作爲個人行動裝置專用處理器，除了 Intel 之外，其他個人行動裝置之 CPU 均採用純 RISC 指令集。

2.3 嵌入式與應用處理器

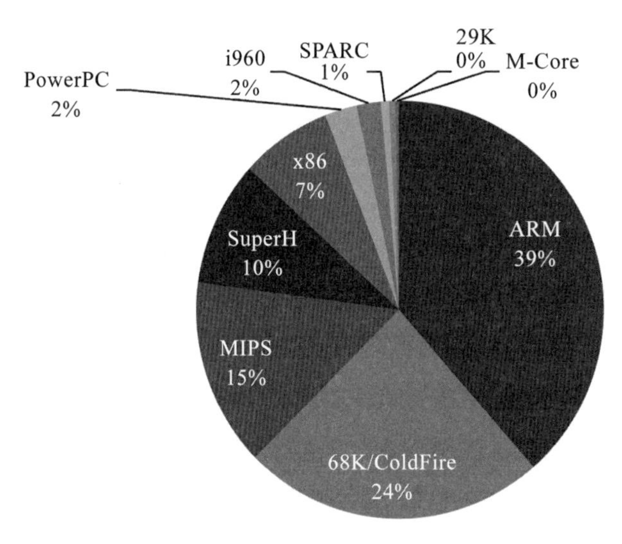

圖2.1　1999年統計嵌入式處理器市占率

RISC 早年多應用於嵌入式市場

第二節的 RISC 設計概念被提出後，許多 RISC 微處理器紛紛出現，因 PC x86 架構具有相容性，數十年來開發之 x86 周邊軟體豐富，導致 x86 架構不易被取代，故新開發之 RISC 處理器在 90 年代時皆朝伺服器、工作站（例如 SUM 公司之 SPARC 系列）以及廣大嵌入式應用市場發展。圖 2.1 顯示 1999 年統計嵌入式處理器（RISC）市占率 [7]，到了 2012 年，嵌入式處理器使用 ARM 架構已超過 6 成以上。

應用於嵌入式（Embedded）系統之嵌入式處理器，早已遍及日常生活當中，小如 USB 隨身碟、大至 80 吋電視，都屬於嵌入式系統。早期嵌入式微處理器與個人電腦微處理器最大的不同是專屬化或是客製化（Customized），沒有個人電腦多用途功能，但因半導體技術進步，嵌入式處理器速度進展飛速，不再只限於單一功能。個人行動裝置所使用之應用處理器即從嵌入式處理器演化而來，只是應用處理器可以安裝許多第三方（The Third Party）軟體，與個人電腦相同可執行多用途功能。嵌入式與 PC 微處理器定義界線越來越模糊。

嵌入式市場應用廣泛

嵌入式微處理器從早期 Intel 開發第一顆 4004 之後，持續演化至現今。根據許多不同的應用裝置，所使用之嵌入式處理器運算效能甚至差距千倍以上。USB 隨身碟、MP3 撥放器通常使用 8051，運算較複雜之快速裝置如網路處理器（Network Processor）與電視遊樂器則使用客製化專屬處理器。隨著網路傳輸速度增加，網路交換器（Switch）或是路由器（Router）所需處理資料封包（Packet）能力日益吃重，故需要計算能力較強處理器幫助處理封包交換及過濾。表 2.1 顯示了索尼（SONY）開發 PlayStation（PS）歷代所使用之嵌入式處理器。

表 2.1 SONY 家庭遊戲機處理器

型號	PlayStation (PS)	PS2	PS3	PS4
年份	1994	2000	2006	2013
處理器	R3000A (MIPS)	Emotion Engine (MIPS)	Cell (Power PC)	Jaguar (x86)

早年高階專屬化應用常見使用 RISC 處理器

SONY 在 1994 年首次進入家庭遊戲機市場時，採用以 MIPS 架構、由 LSI 推出之處理器（R3000A），2000 年續採用 MIPS 指令集，但 SONY 改為自行開發設計 Emotion Engine 處理器作為 PS2 運算核心，到了 2006 年第三代 PS 推出時，SONY 放棄一代與二代所使用之 MIPS 指令集，改與 Toshiba 與 IBM 共同開發使用 Power PC 架構之 Cell 處理器。

近年 x86 處理器效能已超越純 RISC

2013 年末，SONY 推出 PS4 時，甚至放棄傳統嵌入式處理器指令集，直接使用 AMD 設計之 x86 架構 Jaguar 處理器。每當最新客製化嵌入式處理器進入市場時，有時甚至會超過同時最快的 PC 處理器，例如 PS2 在 2000 年推出時，其處理器 Emotion Engine 因為其強大計算性能，可能被運用至軍事用途，而類似超級電腦般被管制不能進入某些敏感國家。

個人行動裝置之應用處理器開始在微處理器界崛起

個人行動裝置（PMD）所使用之應用處理器（AP），隨著智慧型手機（Smart Phone）與平板電腦（Tablet）普及，在全球微處理器整體市場市占率越來越高，Intel 雖推出 Atom 欲搶占市場，但效果不彰，根據 IC Insight 調查 2012 年全球處理器市占率，前 10 名廠商只有 Intel 與 AMD ，分別位居第 1 與第 4 名，其餘皆為使用 ARM 架構之廠商如高通、Apple 等。Intel 雖還蟬聯全球處理器出貨王，但全球市占率年年下降，從 2010 年的 68.6% 、2011 年 67.3% 再到 2012 年的 65.3%。其中個人電腦市占率雖仍穩定，但由於在個人行動裝置市場發展太慢，拉低了整體市占率。

CEO 的難題

將大型電腦技術念實現於 PC 並帶動個人電腦崛起之 Intel，面對體積更小的個人行動裝置潮流，反應正如 IBM 面對個人電腦即將席捲大型電腦態度一般，一開始抱著遲疑的態度，例如 Intel 前 CEO Otellini 在 2013 年 5 月 16 日 CEO 交接時坦承誤判情勢，當年因爲考量價格與出貨量，錯失 Apple iPhone 處理器大單，實在令人懊悔。Intel 在發展的過程中，遇到過許多前創辦人安迪、葛洛夫（Andy Grove）所稱的轉折點（Turning Point），例如由 DRAM 轉爲微處理器製造商，也遇過很多新一代微處理器沒有必要的批評言論，在分辨眞正的轉折點又或只是再一次「狼來了」，企業決策者判斷之間拿捏著實不易。

ARM 之營運模式

茲以介紹 ARM 架構爲嵌入式與應用處理器爲代表 [8]。1983 年 ARM 於英國劍橋成立時原先是叫做 Acorn。在 1990 年時另外成立一家子公司爲 ARM，如今都以 ARM 稱呼其公司以及其產品。ARM 所使用的營運方式與其他半導體業者大不相同，ARM 並不賣實體 IC，而是使用授權（License）的方式，把指令集和相關架構賣給客戶，由客戶進行最佳化動作以及傳統 IC 後段流程，所以客戶相當廣泛，包括德儀、高通、NVIDIA 、Apple 等，與 Intel 自行設計架構及自行製造行銷方式相比，ARM 商業方式能避免許多與其他生產銷售處理器業者直接競爭，除省掉許多製造、行銷微處理器費用外，還可與採用此架構出售微處理器之客戶一起推廣。ARM 架構授權客戶流程共包含首次性授權費，以及隨著客戶出貨後每顆 IC 所收權利金（Royalty）費用。

表 2.2　近年 iPhone 處理器特色表

型號	Cortex-A8	Cortex-A9	Cortex-A53
位元數	32		64
指令架構	ARMv7-A		ARMv8-A
創新技術特色	2-way Superscalar	Out of Order Execution	64 Bits Instruction Set
處理器	Apple A4	Apple A5	Apple A7/A8
終端產品	iPhone 4	iPhone 4S	iPhone 5S/6/6 Plus

現行 ARM Cortex 分成低效能、低成本適合用於嵌入性產品之 Cortex- M（Micro Controller）系列與應用於高成本、高效能適合用於智慧型手機與平板電腦的 Cortex-A（Application）系列，表 2.2 顯示主要 Cortex-A 系列處理器。Cortex-A8 採用超純量架構，首次具有類似 Intel Pentium 執行能力，Cortex-A9 與 Pentium Pro 相同使用非循序執行（OoO）執行；到了 2012 年 10 月，ARM 進入了 64 位元處理時代，發展 Cortex-A5X 系列，Apple 使用此 A7 處理器做爲 iPhone 5S 運算核心，2014 年 9 年繼續開發 A8 做爲 iPhone 6（Plus）之應用處理器。

2.4 處理器趨勢

平行處理為近年來主要進步特色

本書第一章第二節介紹了資通訊產品近年來最大的趨勢爲平行性。平行處理（Parallel Processing）主要可分指令（Instruction）級、數據（Data）級與執行序（Thread）級三種。指令級與數據級平行性較常見於單核心 CPU 中（詳見第五章），亦有多執行序

（Multithread）之單核心出現如 Pentium 4，單核心在指令與資料級平行性開拓上已漸趨飽和，目前多以多核心（或者多處理器）之多執行序爲發展重點。

平行性歷史

最早使用平行觀念增加效能爲開拓指令級平行性，可追溯於哈佛架構分開指令與處理資料，使得同時處理不同指令變爲可能，此亦爲管線化（Pipeline）最早概念，越高管線使得 CPU 內各單位可同時運算不同指令，另外資料平行性也常見於 CPU 與圖形處理單元（Graphic Processing Unit, GPU）。

多處理器（多核心）平行運算介紹

多處理器平行處理包含平行向量處理器（Parallel Vector Processors）、對稱式多處理（Symmetric Multiprocessors, SMP）、非對稱式多處理（Asymmetric Multiprocessors）與分散式共享記憶體（Distributed Shared Memory）等。非對稱式多處理與分散式共享記憶體常於工作站（Workstation）或伺服器（Server）中使用，而一般個人電腦與個人行動裝置多以對稱式多處理運算。

多處理器平行處理主要分類

處理器間溝通方式爲主要區分多處理器平行運算之方式，如以共享主記憶體（Shared Memory）爲例，意味著處理間可透過主記憶體交換訊息，則爲對稱式多處理。而不共用主記憶體，改用其他方式（通常爲網路）作爲處理器間通訊方式，則爲非對稱式處理 [9]。

對稱式多處理架構

由於一般處理器透過多層快取（Cache）幫助，大幅減少主記憶體頻寬需求，使得多顆處理器可以一起共享（Shared）主記憶體，也由於各核心各有快取，爲避免核心間各自讀寫資料造成與主記憶體內數值不相同，快取協定（Protocal）需與主記憶體達成一致性（Consistency）。除了多顆處理核心硬體以外，如要能全速發揮平行處理特性，除作業系統配合外，應用軟體（Application Software）也需支援。通常嵌入式系統之封閉特性較通用系統如個人電腦容易掌握軟硬整合。

大型電腦平行處理歷史

多核心之計算也已實際應用在個人行動裝置。多核心計算最早也源自於大型電腦，包含設計超級電腦 CRAY 公司、圖形處理之 SGI 公司或是 IBM 等都推出了許多平行核心計算之大型電腦，因應天氣、海洋、軍事等需大量計算之研究。由於雲端計算（Cloud Computing）興起，資料中心（Data Center）的需要，使得平行計算依然扮演重要角色。

個人電腦之對稱式平行處理

現今個人電腦使用之對稱式平行處理也源自早期大型電腦（例如 IBM R50）。後來陸續被個人電腦使用作爲平行處理技術。Intel 在 1993 年發展之 Pentium 即藉由使用 MOEI 快取（Cache）技術與進階程式化中斷控制技術（Advanced Programmable Interrupt Controller, APIC）首次可以在個人電腦上同時執行兩個 Pentium。當時雖已進入對稱式多處理年代，但由於成本與軟體支援特性，此時期並不普遍於一般生活中，對稱式多處理系統需等到 2005 年 Pentium D（雙核心）才開始進入一般大眾生活。

個人行動裝置平行處理重視低功耗大於絕對效能追求

個人行動裝置目前也已進入多核心平行處理年代，透過個人／筆記型電腦發展多年歷史，對稱式平行處理亦被應用於智慧型手機或平板電腦內，與個人電腦之最大不同，與其完全追求效能絕對成長，個人行動裝置更需要低功耗設計，以延長裝置使用時間。

個人行動裝置平行處理專屬特性

由於裝置運算必定跟隨消費者需求而制定設計，消費者常使用之個人行動裝置應用軟體可分為兩主要類別：短時間需高效能應用與長時間需低效能應用。

1. 短時間需高效能計算

播放高解析度電影、高解析度錄影、操作電玩、無線上網瀏覽與觀看電視。由於上述動作皆為使用者高度專注，裝置運作使用時間為固定。

2. 長時間需低效能計算

只要裝置開機後，須隨時能接收電話、簡訊、社群軟體訊息，裝置運作時間幾乎為全天候。

以上可知由於應用軟體類型不同，應用處理器需同時兼顧兩者差異極大應用，並同時兼顧低功耗。表 2.3 整理了相關公司對於多核心處理思維

表 2.3　各公司平行處理設計思維

公司	產品	技術	設計方式
Samsung	Exynos5	Big.Little	兩組不同架構處理器組成
NVIDIA	Tegra3	vSMP	同架構、不同製程組成
Qualcomm	Snapdragon	aSMP	同架構製程、可操作不同時脈

異質（Heterogeneous）運算提供應用程式最佳化

異質運算為兩種不同類型（或不同指令集）同時整合在同一晶片中，例如整合 CPU 與 GPU 一起運作，其目的為高速連結不同應用對應專屬處理器。特性整合 ARM 為專為個人行動裝置之多核心設計提供 Big.Little 技術，其透過高效能核心（如 A15）與低效能

（如 A7）兩種共存，軟體可根據執行程式之運算量自行決定使用那些核心，三星 Exyon5 即爲實做此技術業者之一 [10]。

非同步運算減少功耗

依據消費者執行之應用程式，可透過軟體動態調整每個核心之操作頻率與電壓，故每個核心可操作於非同步（Asynchronous）頻率狀態，稱爲非同步對稱平行處理（asynchronous SMP, aSMP）。由於操作之電壓與頻率與整體功耗成正相關，在不須高運算應用下，降低使用核心運作之頻率與電壓 [11]。

兩者設計差異比較

爲解決多核心平行處理需兼顧效能與功耗問題，各公司提出不同設計思維（異質計算與非同步）處理此議題。兩者最大差異爲異質運算將不同應用之處理器分開配置，非同步運算則在原有電路上透過時脈電壓調整，一般而言，異質運算電路設置成本較大（需配置不同種類電路）、電路設計較簡單，也可將閒置時耗能度降至最低。非同步運算雖電路成本較低，但控制電路較爲複雜（將導致高速時脈設計較爲困難），開發時間較長。

透過製程技術區隔

除了異質與非同步運算外，輝達（Nvidia）提出 N+1 方式，N 爲正常運作之核心，保有高速時脈，但留有另一個伴隨（Companion）核心（+1），以較低時脈作爲個人行動裝置閒置待機之處理，低時脈同時搭配低功耗製程（Low Power, LP）降低閒置時之漏電流（Leakage Current），此方式稱爲可變 SMP（variable SMP, vSMP）[12]。

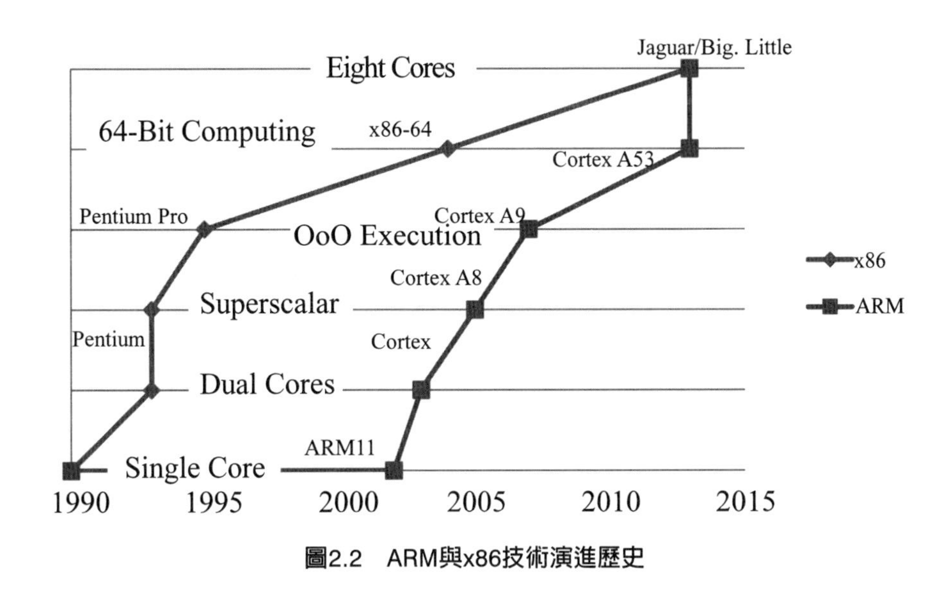

圖2.2　ARM與x86技術演進歷史

圖 2.2 顯示了 ARM 與 x86 技術演進歷史。90 年以前 486 已經開始運若干 RISC 特性，故可與 ARM 此純 RISC 處理器為基準比較，由圖可知在 2004 年之前，x86 架構在技術效能上遙遙領先 ARM，因 ARM 在推出 Cortex-A 架構前，主要以嵌入式應用為主，如工業產品裝置等，所需計算能力不高，產品主要訴求以低耗能及低價為主。惟 2004 年以後，ARM 為首之 AP 技術持續大躍進，直追 x86 所採用技術，到了 8 核心時代，雙方採用時期已經相當。若以實際量產出貨比較，2013 年 3 月三星推出搭載 8 核心處理器（4+4）智慧型手機 Galaxy 4 還早於 12 月才推出之 PS4 與 XBOX One 皆使用 8 核心 x86 架構。

圖 2.2 不包含 Single Instruction Multiple Data（SIMD）技術係嵌入式系統專屬處理音訊或是影像應用，此以單一指令處理固定格式特質，非常適合使用 SIMD 運算，故推出多核（Cortex）技術前，於 2002 年 ARM 已將 SIMD 納入 ARM11 系列，此開發順序與 PC 體系不同，蓋因個人電腦為多用途應用，Intel 於可雙

Pentium 同時運算（代號 P54C）之後才推出具 SIMD 運算效能之 Pentium MMX（代號 P55C）。値得注意的是，2004 年後智慧型手機潮流興起，正與其計算核心 AP 之技術高速成長率關係相當。

理論上 AP 電路使用越複雜的計算技術（例如使用更多顆核心平行計算），所需電晶體與實際運算次數也越多，導致耗能越大。耗能的結果是讓個人行動裝置充電後可使用時間縮短，勢必降低使用者體驗。即使是強調雲端計算（Cloud Computing）所使用的資料中心（Data Center），在節能減碳的綠色潮流下，節能（Power Saving）也成爲發展之趨勢，個人行動裝置對節能的需求更是殷切。

隨著應用處理器增加電路結果，如要維持甚至增加使用者體驗，唯有採取開源（增加電池容量）或是節流。增加電池體積容量會造成個人行動裝置體積變大，與整體工業設計朝輕薄方向抵觸，故不可行；而電池單位容量提昇無法與每年電路增加速度相比，故在電路（或是效能）提升的同時，如何降低耗電量，將成爲未來個人行動裝置發展重點。

2.5 結論

電腦發展進步神速

人類自古即有計算的需要，發展自動計算與儲存工具一直是人類夢想，從 19 世紀打字機進入 20 世紀大型電腦與個人電腦之發明，透過半導體製程不斷微縮，運用於大型電腦之運算技術，陸續運用於個人電腦內，未來相同趨勢亦將發生在個人行動裝置內。

精簡指令集架構已主宰現有微處理器市場

精簡指令集架構由於其具有高速、低耗電特質，雖成本高於複雜指令集架構，但由於半導體製程持續進步、單位電晶體成本不斷下降，精簡指令集架構已主宰了現有微處理器市場，不只爲嵌入式工業應用產品所採用，具有相容過去複雜指令集之 x86 核心自

1994 年後至今均以精簡指令集架構爲核心運算，精簡指令集已成了目前微處理器設計主流。

嵌入式與個人行動裝置處理器崛起

21 世紀前微處理器多數爲工業應用、個人電腦、工作站、伺服器所使用，但進入 21 世紀後，個人電腦市場趨近飽和、取而代之爲個人行動裝置崛起、家庭應用消費性電子（如多媒體與家庭遊樂系統）需求起飛，未來嵌入式處理器將隨著物聯網（包含智慧家電、智慧汽車）發展而高速成長。

兼顧效能與功耗之平行處理續為未來趨勢

在開拓指令級與資料級平行度漸趨飽和之際，多執行序之多核心處理已成爲目前平行處理發展趨勢，其中又以對稱式平行處理發展在個人行動裝置應用最受矚目。藉由大型電腦、個人電腦累積之理論與經驗，個人行動裝置平行處理技術高速起飛，甚至有逐漸超越個人電腦趨勢，許多公司提出不同設計以追求效能成長，同時並兼顧功耗損失，穿戴式產品等亦將面對追求高效能之際如何保持低功耗之難題。

參考文獻

[1] Martin Campbell-Kelly, William Aspray 著，梁應權、胡頂立譯，Computer-The History of the Information Machine，天下文化，1999。
[2] 虞有澄，我看英代爾，天下文化，1995。
[3] 虞有澄，Intel 創新之祕，天下文化，1999。
[4] Tom Shanley, Pentium Pro Processor System Architecture, Addison Wesley Developers Press, 1997.
[5] Linley Gwennan, X86 outdoes RISC Performance, Microprocessor Report, December 27, 1999.
[6] Dileep P. Bhandarkar, Alpha Implementations and Architecture, 1995.

[7] Tom R. Halfhill, Embedded Market Breaks New Ground, Microprocessor Report, January 17, 2000.

[8] Steve Furber, ARM System-on-Chip Architecture, Addison Wesley Developers Press, 2000.

[9] Kai Huang, Zhiwei Xu, Scalable Parallel Computing, McGraw-Hill, 1998.

[10]Heterogeneous_Multi_Processing_Solution_of_Exynos_5_Octa_with_ARM_bigLITTLE_Technology white paper, http://www.samsung.com

[11]Snapdragon-s4-processors-system-on-chip-solutions-for-a-new-mobile-age white paper, http://www.qualcomm.com

[12]Variable SMP – A Multi-Core CPU Architecture for Low Power and High Performance white paper, http://www.nvidia.com

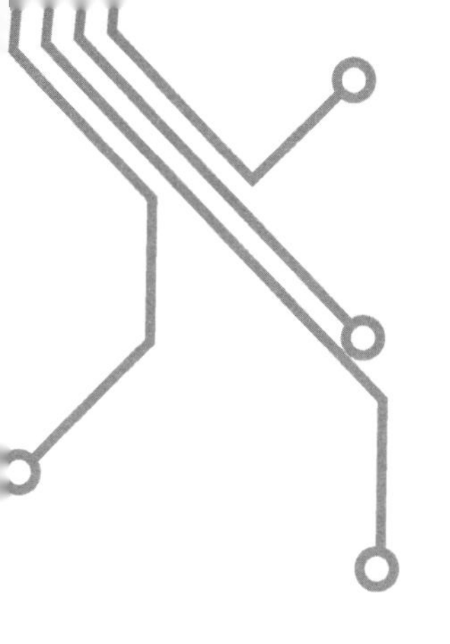

第3章

通訊概論

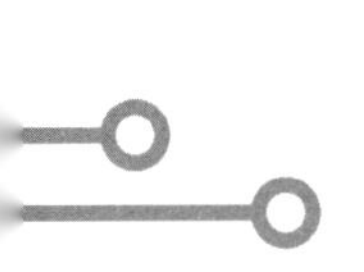

3.1 通訊歷史介紹
3.2 有線通訊技術演進
3.3 無線通訊技術演進
3.4 無線通訊趨勢
3.5 結論

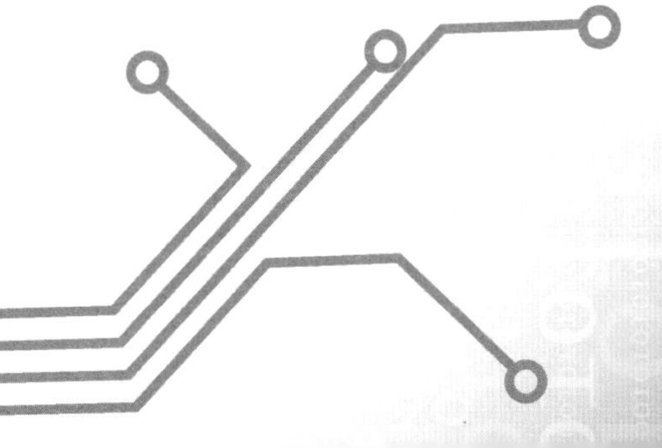

通訊概論

3.1 通訊歷史介紹

20 世紀前通訊發展

在通訊世界裡面，第一個要被注意的就是訊號本身。如果可以更加瞭解要傳送東西本身的意義，對於傳送接收（通訊過程）將更加有利。在分析訊號上最基本的工具就是傅立葉轉換。1768 年傅立葉出生於法國，在法國大革命之後，他研究工程界最重要的傅立葉級數，提出所有週期訊號都可以用傅立葉級數所組成。也就是可以分解成不同的弦波訊號，其也同時隱含著把一般肉眼可見耳朵可聽的時間領域訊號可以轉換成頻率領域的入門磚。

頻域處理容易數學分析

所有通訊的領域裡面，時間領域和頻率領域的處理都很重要，透過頻率的轉換，可以讓我們多了很多技巧對訊號加以處理，不管類比訊號或是數位訊號處理，第一步都是先做頻率的轉換。在頻率世界，我們可以了解到原始時間領域訊號所見不到的世界。對分析系統訊號的研究，傅立葉轉換相當實用，在時間領域的迴旋乘積，利用傅立葉轉換之後，在頻率領域上面成了訊號的移位，這說明了調變的原理，也就是把基頻訊號載到高頻上的數學分析，為後人研究通訊相當實用的工具 [1]。

雜訊（Noise）是通訊過程最大挑戰

雜訊一直是通訊工程師要面對的課題，所以要研究通訊前就得先面對雜訊。但雜訊是隨機出現的，所以要研究雜訊前，人類必須先面對如何處理隨機訊號過程。隨機訊號沒有固定的樣式，都是以機率方式呈現其模樣。比美國建國晚一年（1777 年）出生的高斯提出了高斯分布或者稱爲常態分布，是所有研究機率的基礎。高斯分布指出了一群沒有相關性的大量群體，透過平均值和變異數所呈現的機率密度會呈現鐘型狀態，並導出中央極限定理 [2]。這個定理非常重要，因爲幫我們處理了雜訊的特質，並開啓了近代數位通訊的大門。

電磁波的發現開創無線通訊時代

現代所有的通訊幾乎都是用電磁波來傳送接收，只是途中經過的媒介有所不同。有線的傳送，例如用同軸電纜、光纖（光也是電磁波的一種）、電話線或者網路線，無線通訊也是一樣使用電磁波來傳送。第一個用數學式證明了電磁波存在的科學家是馬克斯威爾，這位被認爲在科學上可以跟牛頓相提並論的科學家出生於 1831 年，也和牛頓一樣畢業於劍橋的三一學院。1855 年馬克斯威爾用數學證明了法拉第的實驗。1873 年出版了《電磁學通論》（*Treatise on Electricity and Magnetism*），此爲第一本完整電磁體系著作。包含現在所有電波工程師所知的電磁學四大方程式 [3]。在用數學證明電磁波的存在之後，1888 年赫茲（Hertz）用實驗證實了電磁波的實際存在後，人類終於開始使用電磁波做爲通訊的工具，隨後無線電話、手機接續改變人類的生活。

20 世紀後通訊發展

在通訊中爲了克服 Noise 所造成的干擾，高斯分布解決了靜態機率的問題。但事實上眞正的通訊環境中，卻是含有時間這個因素，也就是所謂的隨機程序或是衍生出的統計通訊。在這發展當中扮演關鍵角色不得不提起的一人——諾柏、溫納（Norbert Wiener）。溫納出生於 1894 年，17 歲就拿到了哈佛的數學博士，在 1949 年提出了著名的溫納濾波器（Wiener Filter），這對於訊號的偵測與估計非常重要。因爲有了 Noise 干擾，原始傳送的訊號會被干擾導致失眞，如何再還原爲正確訊號一直都是通訊工程師與科學家努力的課題，不只在傳送訊號上面或是天線要偵測敵機，都有此需要，因爲雜訊無所不在（只要溫度超過絕對零度就會有熱雜訊），在影像、語音的處理，溫納濾波器都扮演了重要的里程碑。

通訊技術傳承軍隊之研究

20 世紀的通訊發展跟 19 世紀比起來最大差別，就是世紀初的兩次世界大戰所造成的軍事需求加速了電子通訊的發展。例如最有名的曼哈頓計畫是爲了開發原子彈。有研究雷達和彈道的通訊技術，也有爲了模擬原子彈爆炸的計算機技術。很諷刺的，現今造成人手一機方便的智慧型手機技術，多數是來自兩次世界大戰殺人放火的需求，還有例如現在 3G 所使用的展頻技術（Spread Spectrum, SS）在二戰期間就常在軍艦通訊當中所使用。這樣歷史的軌跡也頗類似當年靠製造炸藥起家的諾貝爾最終成了造福人類獎項的代名詞。

現在 3G 手機裡面使用的 IC ，不管是 WCDMA 、CDMA2000 或是 TD-SCDMA 系統，都來自展頻技術，而最早的展頻是跳頻通訊（Frequency Hopping Spread Spectrum, FHSS），提出 FHSS 專利的是位藝人 Hedy Lamarr ，這位曾當過好萊塢明星的女科學家提出了秘密通訊專利，並在 1942 年獲得通過，此專利最主要是用來對付納粹以確保美國的軍隊通訊秘密不被敵方所發現，靈感來自 Hedy 小時候學鋼琴的靈感，利用傳輸頻率不斷的變換，以躲避納粹的偵測。這個跳頻展頻的方法如今也直接被使用在藍芽技術上面。

通訊起源為類比傳輸

早期的通訊多數皆是類比通訊。由於其低成本的特性，類比通訊即使到 21 世紀之今日還是被人類所使用。現在的廣播就是使用類比通訊（Analog Communication），類比通訊常分爲兩種：

振幅調變（Amplitude Modulation, AM）與頻率調變（Frequency Modulation, FM）；前者利用震幅，後者利用頻率調變。

類比通訊成本較低

類比通訊的優點為接收解調的成本比較低，但是抗雜訊力較差，不能拿來高速的傳送資料，故近代通訊技術皆使用數位通訊（Digital Communication）。因此不管是現在電腦、電視或是手機，裡面所使用的通訊技術都已經數位化。

新世紀傳輸技術－數位通訊

在數位通訊時代當中，被尊稱為資訊時代或是數位通訊之父的首推克勞德，夏農（Claude Shannon）。夏農出生於 1916 年，在 21 歲提出了用布林代數解決數位電子交換機分析的碩士論文，這篇論文被哈佛的教授 Howard Gardner 稱譽為 20 世紀可能最重要、最有名的碩士論文，開啓了數位設計的年代，現在所有用數位計算的產品，可說都是源自他的論文。

1948 年在貝爾實驗室（Bell Lab）任職的時候，夏農提出了一篇開創數位資通訊新紀元的論文——通訊的數學理論（The Mathematic Theory of Communication）[4]。此論文的第一定律，證明了熵（Entropy）的分析和極限，說明了訊息（Information）的內涵，廣泛的被用到如影像（MPEG, H.265）、語音與資料壓縮編碼，甚至到熱力學當中；其第二定律更是所有目前數位通訊的基石，證明了即使在有雜訊的環境通道當中，在某容量（Capacity）底下，無錯誤的通訊是可行的。

數位通訊之父——夏農

藉由這篇論文，新錯誤更正碼如雨後春筍般出現。尤其在 1993 年渦輪碼（Turbo Code）被發明，距發表論文相隔 46 年後實證此極限確實存在，夏農在數位通訊地位更是無人可及，2001

年夏農過世，美國麻省理工學院（Massachusetts Institute of Technology, MIT）發了一篇新聞稿正式尊稱其爲數位通訊之父。

3.2 有線通訊技術演進

電信業起源來自電報、電話的發明。現行電信系統一直以來都以傳輸語音爲目的發展。除了終端電話機之外，另一端交換機或是連接之用戶迴路都是以此目的開發。1876 年貝爾發明電話初期，電信架構是點對點雙方佈線通話，但隨著電話的用戶等差級數增加，電話線複雜度卻成等比級數放大，以致後來不可能使每個用戶之間都有一條專屬的線路跟其他用戶之間溝通，所以產生交換局的設立，在 19 世紀末期時都是藉由人工操作來轉接所欲撥通的對象。

自動交換設備取代人工

隨著電話用戶的快速發展，人類想辦法藉由自動化來節省大量的交換工作量，其中電腦或是可稱爲計算機（Computer），也自然地想導入此領域，當時之電腦還處於眞空管時代，尋找可以縮小自動交換機與電腦空間之代替物，成了科學家努力方向，間接促成了電晶體的發明，故人類對電子通訊的需要也同時促進了 20 世紀另外兩個重大發明：電腦與積體電路（IC）的發展。

排隊理論（Queueing Theory）濫觴

在人類研究交換機發展的過程中，當時一個丹麥的科學家 A.K.Erlang，觀察了電信交換所需等候服務的時間，利用數學去分析此現象，1909 年發表了「The Theory of Probability and Telephone Conversations」，開啓了排隊理論 [5] 的新世界，排隊理論的功用除了可以用在電機電子服務計算等候時間，及成本的計算外，在交通運輸應用上也常常被使用。故 Erlang 常被尊稱爲排隊理論之父。

電信事業起源於語音傳輸快速發展

電信事業發展的早期就如同其他科技史相同，一開始是類比技術所先發展出來。貝爾發明電話時，也就想出藉由電力，在話筒中做聲波與電波之間的雙向轉換。發話端在說話時，將聲波類比方式轉成電波，傳送到收話端之後，在話筒端再把電波轉回成聲波。在整個電話發話的過程，因為是用交換線路傳送通道，通話時必須先撥通（也就是先建立連線），此種連線方式被稱之為電路交換（Circuit Switch）。

電信線路數位化

隨著技術進步，公眾交換電話網路（Public Switched Telephone Network, PSTN）也逐漸跟著數位革命數位化。一開始因為效益緣故，在局端開始數位化，在群聚（Trunk）改用數位訊號於交換局之間傳送。用戶端連線至地區交換局端部分為用戶迴路，地區交換局會再跟長程交換局連線，長程交換局會藉由多工或是Trunk 方式與其他地區交換局連線 [6]。

人類發聲語音頻譜主要在 0.4～3.3 KHz 之間，故在已經數位傳送的交換局端，必須對類比語音訊號數位化，根據奈奎斯特（Nyquist）取樣定理，最大頻率以兩倍頻率取樣將不會導致失真，每取樣點以 8 位元（Bits）表示。所以每通用戶語音在交換局端皆以約 4K（0.4～3.3K）×2×8 = 64 Kbits 為基本單位傳送，交換局端如以 T1 線路連結則表示可以同時有 1536 通（×64K = 1.54 Mbps）傳送。因此，早期電腦如要透過 PSTN 連上網際網路，因為電腦為數位運算，為了透過類比電話的用戶迴路傳送資料，必須要使用撥接數據機（Dial-up modem）在數位跟類比之間轉換，也因此限制了此數據機最高速度只有至 56 Kbps。

為了突破此交換端的侷限，新的數位調變數據機——數位用戶迴路（Digital Subscriber Line, DSL）被發展出來。數位用戶迴路是使用離散多調載音（Discrete Multi Tone, DMT）調變方法（跟無線通訊所使用的 OFDM 相同），利用分離器（Split）將上網訊號載至高頻，與基頻 64K 以下的電話語音訊號在頻譜上分離，共用用戶迴路一起傳送至區域局端。使用 DSL 畢竟是利用老舊的線路，故衰減極大，在高速的資料傳送下，無法做到長距離的傳輸，所以用戶端使用 DSL 通常會有至區域交換局端的距離限制。DSL 原是爲增加傳輸速度及無須重新佈線的產物，但隨著傳輸速度越快，原先 PSTN 電話線路頻寬不足的缺點越來越難以避免，光纖（Optic Fiber）才是解決此問題的方案，光纖到大樓（Fiber to the Building, FTTB）於是開始被實際應用，DSL 則扮演大樓至房間之通訊媒介。

有線電腦網路

電腦網路根據其分布的大小可分爲廣域網路（WAN）、大都會網路（MAN）以及區域網路（LAN）。廣域網路因爲其數位（數據）化特性以及長程線路佈建需要，都是由電信廠商所負責，通常以專線互相連結。介於廣域網路與最小的區域網路之間則是大都會網路（MAN）。此類網路通常佈建在社區或是校園等，例如分散式佇列雙匯流排（Distributed Queue Dual Bus, DQDB/IEEE 802.6）以及高速的光纖分散資料介面（Fiber Distributed Data Interface, FDDI）、非同步交換模式（Asynchronous Transfer Mode, ATM）。

目前最常見區域網路爲乙太網路（IEEE 802.3），從桌上型 PC 或是 Laptop 所使用的網路皆應用該技術。乙太網路並非一開始即主導區域網路，在全錄公司發明之後，相同類似的電腦網路還包括 IBM 提出的信令環（Token Ring/IEEE 802.4），信令匯流排（Token Bus）等 [7]。經過數十年的競爭，乙太網路藉由其簡單、低價特性脫穎而出。

乙太網路速度以十倍速成長

乙太網路從最早速度 10 Mbps 到最新的 10 Gbps（1G=1000M）如圖 3.1。早期的乙太網路是使用同軸電纜（Coaxial Cable）以環狀方式（Ring）將相連電腦連結起來，原始乙太網路運作的方式，即是以載波感測多工存取（CSMA）方式去監測（Detection）在所有的 Ring 或 Bus 當中，是否有其他的電腦正在傳送的半雙工方式運作。故環狀的乙太網路如果有某處斷裂、故障或是沒有連結，即會導致整個區域網路皆無法運作。

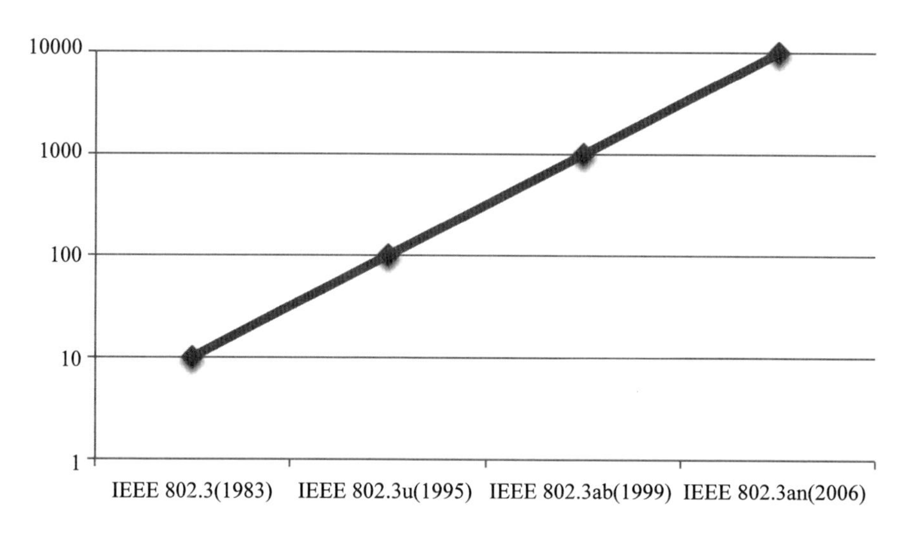

圖3.1　乙太網路標準速度圖　單位：Mbps

交換器（Switch）取代同軸電纜

乙太網路後來發展出新的也是目前所使用的 BaseTX 標準，透過交換器（Switch）的集中方式，區域中所有的電腦皆直接以雙絞線（Twist Pair）直接連線到交換器，如此以來即不用擔心因為某一線路問題導致整個網路失效，同時也可以達成傳送（TX）與接收（RX）全雙工（duplex）方式運作，整體的吞吐量（Throughput）比半雙工（Half-duplex）增加兩倍。

隨著使用交換器以及雙絞線標準的 xBaseT 在乙太網路中躍居主流，爲了相容，早期的半雙工模式也漸漸被捨棄，在 802.3ab 現行網路晶片當中，多數網路晶片廠商甚至已經拿掉了半雙工運作模式。802.3an（10GBaseT）更將由銅雙絞線（需使用 Category 6 以上線材）爲網路線的乙太網路傳輸速度拉至 10 Gbps。

通訊技術制定標準推力來自市場需求

值得注意的是，由圖 3.1 可知，相較於 10 Mbps 成長至 100 Mbps 制定標準需 12 年，而 1 Gbps 至 10 Gbps 需 7 年，100 Mbps 至 1 Gbps 只花了 4 年，在 1995 年至 1999 年制定標準期間，正爲全球資訊網網路媒體、網站等成長率最快速時期，與 1983 至 1995 年（10 → 100 Mbps）網路未普及至一般生活時代，1999 至 2006 年（1 → 10 Gbps）網路成長已飽和，1995 至 1999 年（100 → 1000 Mbps）間，市場殷切需求頻寬，強大力量推動快速制定標準。

3.3 無線通訊技術演進

圖 3.2 說明電信無線技術演變過程，在 90 年代第二代數位技術開始取代了第一代類比技術，第二代數位行動技術大部分皆使用分時多工（Time Division Multiple Access, TDMA）技術，其利用多個用戶使用不同的時間間距（Time Slot）傳收數位化後之語音資料。在歐洲爲全球移動通訊系統（Global System for Mobile Communication, GSM）；在美國爲北美分時多工數位蜂巢標準（The North American TDMA Digital Cellular Standard, D-AMPS）也被標準化爲 IS-136；在日本爲日本分時多工數位蜂巢標準（The Japan TDMA Digital Cellular Standard, PDC）。

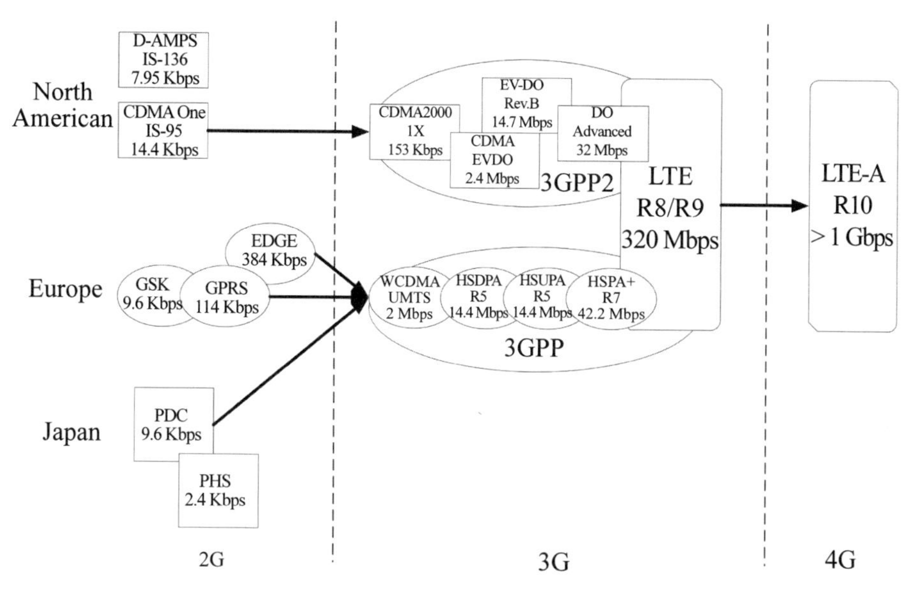

圖3.2　電信無線技術演變過程

TDMA 系統主導全球 2G 市場

此全球三大 2G 標準，由於皆使用 TDMA 系統，由基地台與所屬連接的手機統一同步時序（Timing），故相同特性爲使用一個大訊框（Frame），讓不同的手機在不同時序接收資料，PDC 與 D-AMPS 之 Frame 長度爲 20 微秒（Microsecond, Ms），GSM 爲 4.6 微秒。值得一提的是，北美在 2G 時代還有使用分碼多工（Code Division Multiple Access, CDMA）IS-95 之系統 [8]。

3GPP 起源

有鑑於各國在 2G 時代電信標準不同，所造成無法漫遊通話的缺憾，以及因應傳輸數據需求性日增，國際電信組織（International Telecommunication Union, ITU）制定 ITU-2000 爲新一代電信標準，其中最重要的是必須全球無縫漫遊（Global seamless roaming）與數據傳輸至少在第一階段（Phase one）要達到 2 Mbps，於是全球各洲的主要電信組織，包括歐洲的 ETSI 、北美的 ATIS 、日本的 ARIB 與 TTC 及中國的 CCSA 聯合成立的第三代合作夥伴計畫（3rd Generation Partnership Project, 3GPP）制定標準，由 ETSI 原 GSM 基礎上（改訂為 3GPP R99），發展環球行動電信系統（Universal Mobile Telecommunications System, UMTS），或稱為 WDMA ，同時亦將另一套由 IS-95 所延伸出之寬頻（Wide Band）CDMA2000 規格訂為 3GPP2。

全球 3G 系統皆使用 CDMA 技術

不管是 WCDMA 或是 CDMA2000 都是使用 CDMA 技術，此通訊多工方式為採取每個手機透過不同的碼（Code），利用所有碼相互正交數學特性作為通訊方式。3GPP 透過持續新增版本（Release）增加傳輸速度，到了 Release 8 以後由 CDMA 改採用正交分頻（Orthogonal Frequency Division Multiplexing, OFDM）作為長程演進技術（Long Term Evolution, LTE），其中分成頻域（Frequency Domain）與時域（Time Domain）兩種不同系統，Release 10 則更進一步提出下載速率可達 1 Gbps 進階長程演進技術（LTE-Advanced）。

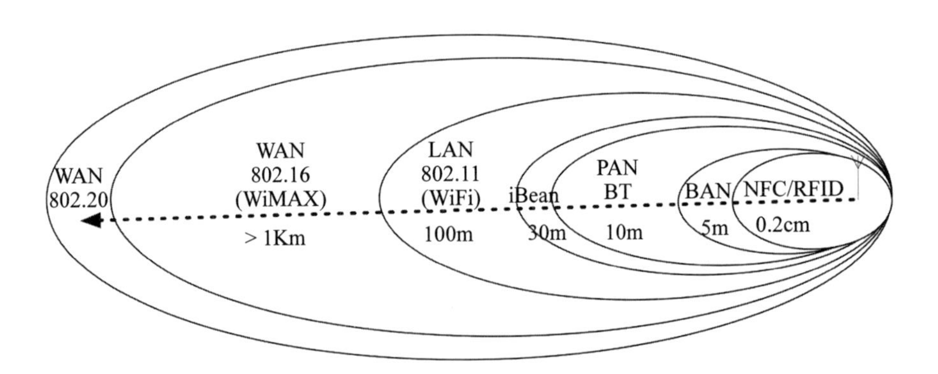

圖3.3　各種不同無線通訊技術距離

網通無線網路技術百家爭鳴

除了電信網路外，行動資通訊裝置根據無線傳輸距離的技術分布如圖 3.3 所示，傳輸距離長短是根據不同的應用。近場通訊（Near Field Communication, NFC）與射頻識別（Radio Frequency IDentification, RFID）爲最短傳送距離；最長傳送距離爲利用 WAN 之 IEEE 802.20。在上面技術中，最常被使用者運用的是 WiFi。WiFi 前身之無線網路（Wireless Network）首先在 1997 年被定義在 IEEE 802.11 標準中，由於無線資料通訊需求日益殷切，網通產業界爲了確保產品互通性，於是成立 WiFi 聯盟。後來 WiFi 傳輸標準陸續被提出，如 IEEE 802.11a/b/g/n/ac ，其中所使用的頻譜爲工業、科學以及醫療的頻段（Industry, Science and Medicine, ISM）。

WiFi 所使用的頻段（2.4/5 GHz）與電信業手機所使用的（如 GSM 900/1800 MHz）最大的差異是 ISM 的頻段是不需官方授權（Licensed），正如其名是專爲工業、科學以及醫療所使用。也正因爲此方便特性，許多微波技術皆使用 2.4 G 的 ISM ，例如藍芽（Blue Tooth）與 Zigbee 等，與此頻率相近的還有微波爐的頻段，也因爲水的共振頻率爲 2.4 GHz 而在此頻段。由上所知，2.4 GHz 有許多技術都在此頻段上，故相互之間的干擾隨著無線通訊成長而日益嚴重。

WiFi 的運作方式也是載波感測（CSMA），非常類似乙太網路，無線網路因爲使用公眾頻段，許多連結裝置需要共用此公眾頻段，故也需感測載波（是否有其他裝置正在使用），故與乙太網路相同。惟兩者不同之處在於乙太網路是碰撞偵測（Collision Detection, CD），而無線網路是碰撞避免（Collision Avoidance, CA）；在偵測到頻段爲空閒時，乙太網路有很大的機率會馬上傳送，但無線網路會根據規格定義等候一段時間，再根據機率決定是否傳送。由於無線網路有與乙太網路不相同的隱藏點（Hidden

Node）的問題，使用碰撞避免（CA）方式可以大幅減少碰撞的機會，因為在無線環境中，要偵測碰撞並不如有線環境（乙太網路）般的容易。最早的 802.11 使用跳頻展頻（Frequency Hopping Spread Spectrum, FHSS）和直接序列展頻（Direct Sequence Spread Spectrum, DSSS）技術，至 11a 之後到最新的 11ac 皆使用 OFDM 技術。

藍芽（Blue Tooth, BT）也是一種使用 FHSS 於 2.4 GHz ISM 頻段之個人區域網路（Personal Area Network, PAN）。在 1999 年由 IBM 、Nokia 、Intel 等廠商提出以無線通訊連結個人電腦或是筆記型電腦周邊裝置，故技術市場定位為低速率（只需交換裝置資訊）、省電（可長時使用），後被 IEEE 訂為 802.15 標準，藍芽今日已經成為許多滑鼠、鍵盤、耳機等連接裝置。值得注意是藍芽的通訊距離（小於 30 公尺）為最容易偵測消費者位置，故 Apple 與高通利用智慧藍芽（BT Smart/v4.0）分別開發出 iBeacon 與 Gimbal。透過此類技術廠商可以掌握消費者精確位置，如果消費者在商場內，可隨著消費者移動至不同商家區域，推播不同廣告或優惠給使用者。

資通訊技術於醫學應用

資通訊技術應用於生物醫學由來已久，例如影像醫學的發展等，近年來全球人口老化及慢性病患人口增加，居家照護成為所有先進國家發展重點，由於半導體技術進步微縮生醫電子裝置，尤其是個人行動與穿戴式裝置風行，整合生物醫學功能使得醫護人員可以隨時監控與分析病患生理訊號，也可以進行緊急處理，除可降低損害外，也可以簡省醫療資源。

人體區域網路（Body Area Network, BAN）制定

透過多個生醫感測器如腦波儀（Electro Encephalo Graphy, EEG），

以及心電圖（Electro Carduo Graphy, ECG）等組成人體區域網路，人體相關資訊可自動傳輸感測訊號給連結傳輸器（手錶、眼鏡、手環等穿戴式裝置，亦可能為手機或平板電腦），透過連結傳輸器統一傳送健康資料給醫學專業機構，藉以達到健康照護目的（Health Care）。

生醫應用通訊技術

生醫技術源自通訊技術之反應用。傳統通訊技術為達到傳輸目的，需克服傳輸通道效應對傳送訊號之破壞，故需偵測通道效應。而生醫應用不需要為傳輸目的，而是欲了解通道反應——亦即人體狀況。例如核磁共振影像（Magnetic Resonance Imaging, MRI）透過體內水之氫原子共振，形成人體內部影像。

3.4 無線通訊趨勢

不管是電信網路（3GPP 為代表）或是電腦網路（802.11 為代表），傳輸資料需求日益殷切，隨著速率越來越快，兩者都遇到相同瓶頸，兩者提出解決方案中，具有下列相似性：OFDM、多重輸出入（Multiple Input Multiple Output, MIMO）、載波聚合（Carrier Aggregation, CA）與提高載波頻率（Carrier Frequency）。

OFDM 適合高速傳輸

隨著傳輸速率越來越快，為補償無線通道效應之等化器（Equalizer）設計越來越複雜，不利於高速傳輸，於是將傳輸訊號分成許多互相正交之子載波，每個子載波可視為窄頻訊號，可無需補償原先寬頻訊號，此技術被稱為垂直頻率正交多工（Orthogonal Frequency Division Multiplexing, OFDM）。

OFDM 實作電路成本低

OFDM 另一特性為訊號調傳送端可使用反快速傅立葉轉換（Inverse Fast Fourier Transform, iFFT），接收端則使用快速傅立葉轉換（Fast Fourier Transform, FFT）解回傳送訊號，由於快速傅立葉轉換電路已經發展得非常成熟，實作 OFDM 複雜度大幅降低，此意味著成本也減少。

OFDM 為目前所有高速無線通訊採用

OFDM 由於具有上述適合高速傳輸，容易實作特性，近年來許多無線通訊標準不約而同皆採用其為通訊標準。IEEE 802.11 在 1997 年定義 OFDM 作為 11a 標準，惟其位於 5 GHz 頻譜，當年環境不如使用在 2.4 GHz 頻譜之 11b（採用 DSSS 技術）普遍，後續延伸 11g（OFDM）從 5 GHz 改回 2.4 GHz[9]。在電信網路部分，3GPP 自 Release 8 後便從原先 CDMA 標準改採 OFDM 技術之 LTE。

MIMO

使用多根天線（Antennas）提高傳輸速率之技術被稱之為 MIMO。根據天線位置與數目可分為四類：單一輸入單一輸出（Single Input Single Output, SISO）、多重輸入單一輸出（Multiple Input Single Output, MISO）、單一輸入多重輸出（Single Input Multiple Output, SIMO）、多重輸入多重輸出（Multiple Input Multiple Output, MIMO）如圖 3.4[10]。

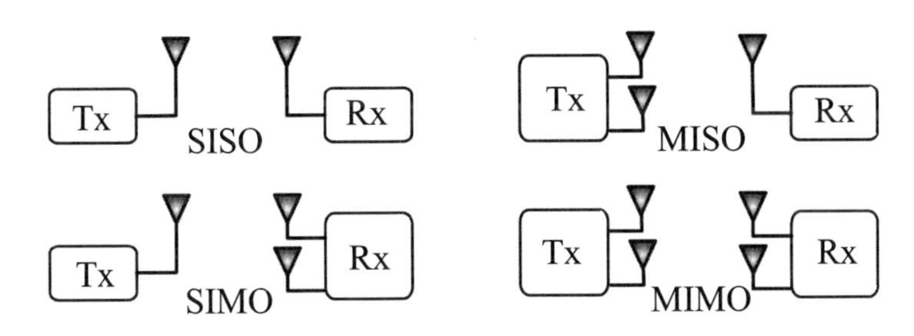

圖3.4　MIMO機制

單一輸入單一輸出（SISO）

傳送端（Tx）只有一根天線，接收端也只有一根天線。此爲傳統通訊系統，成本最爲低廉，

多重輸入單一輸出（MISO）

多重輸入單一輸出爲在傳送端使用多根天線，接收端只使用一根。其優勢爲可透過多份天線傳輸資料對抗無線時變通道之衰降（Fading），此效能增益被稱之爲分集增益（Diversity Gain）。

單一輸入多重輸出（SIMO）

在傳送端使用一根天線，而在接收端使用多根天線方式被稱爲單一輸入多重輸出。由於可透過不同天線接收不同路徑訊號，故也具有分集增益。此增益在3G時即已被使用於犛耙式接收機（Rake Receiver），透過不同分支（Finger）結合計算最佳訊號。接收端使用多根天線因可接收多倍傳送訊號，亦可增加陣列增益（Array Gain）。

多重輸入多重輸出（MIMO）

在傳送端與接送端皆使用多根天線爲多重輸入多重輸出。此機制雖耗費最高成本，但除了陣列與分集增益效益外，透過實體天線分隔產生空間多工（Spatial Multiplexing），可產生多倍數單一天線（SISO）傳送資料之容量增益（Capacity Gain）[11]。

所有高速無線通訊皆已使用 MIMO

由於 MIMO 可倍增傳送速度，WiFi 11n 已開始納入標準，故目前市面上產品皆已支援 MIMO。3G 則於 3GPP 第 8 版標準（Release 8）開始使用。

波束集成（Beamforming）

波束集成技術爲最典型軍方移至消費性電子產業之技術，常見之波束集成的需要設備爲雷達，其演算法透過多根天線調整不同參數可集中加強某些方向訊號，同時壓抑其他方向訊號。波束集成已被用於 WiFi 11ac 標準內 [12]。

載波聚合

聚集零散以未使用頻譜以傳輸訊號爲載波聚合爲其主要特色，透過整合同頻段（Band）內以及不同頻段之單位載波（Component Carrier）一同傳輸訊號，可使傳輸速度大幅倍增。由於可聚合不同頻段之單位載波，如聚集之單位載波位於不同頻段，此模式下需多組射頻元件，將會使整體成本大爲提升。

提高載波頻率

傳統通訊載波頻率皆位於 2.4 GHz，近年來許多通訊標準開始使用更高頻率之載波，例如 WiFi 11ac，甚至有些傳送無線語音標準如 WiGig 使用至 60 GHz 載波。高頻載波之優點爲電路頻寬也可提高，意味著可增加上傳資料；高頻也有其缺點爲衰減快（60 GHz 爲氧氣之共振頻率，傳送能量容易被空氣吸收），此爲電磁波之物理特性。

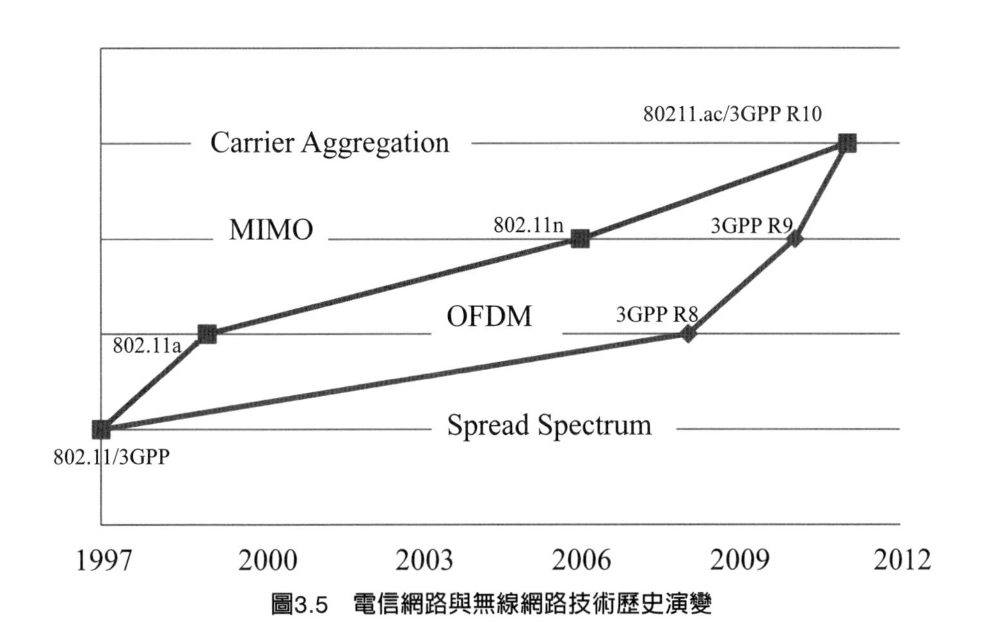

圖3.5　電信網路與無線網路技術歷史演變

通訊技術競合

電信系統與電腦網路早期發展應用不同，發展環境可謂是涇渭分明。電信系統來自傳送語音的需要，而電腦網路來自傳送資料的應用，但畢竟皆爲通訊技術的一環，隨著技術的演進以及應用的擴大，兩者間的應用越來越模糊。電信系統的 LTE 被規劃只傳送資料，不再使用傳統語音系統，通話部分則由 Voice IP（Voice LTE）處理。圖 3.5 說明兩者之間歷史演變，電信網路由於過去封閉性，技術成長幅度遠不及無線網路。但在個人行動裝置流行之今日，隨著多媒體影音與行動上網越來越熱門，擁有最長傳輸距離、基地台佈建最完整之電信網路近幾年已在傳輸技術慢慢追上無線網路（如圖 3.5）。在可見的未來，兩者之競合將越演越烈。

3.5 結論

通訊技術為實作數學理論

通訊實際上爲數學理論之應用，由本章第一節可知通訊技術主要貢獻之先行者皆爲重要數學家，透過數學分析建立各種通訊平台之模型，工程師實作電路前可透過模擬方式了解技術優劣。

有線通訊頻寬仍舊領先無線通訊

有線通道環境由於不需對抗多路徑衰降（Multi Path Fading），傳送能量集中有抗衰減及低雜訊特性，不論早期電話、電報發展或是近期需高速傳輸影音資料，如資料中心（Data Center）或是雲端運算環境，有線通訊仍較無線通訊爲適合。

無線通訊進步快速

傳統代表之無線通訊技術爲電信網路（2G/3G）與WiFi系列，本章第三節說明兩者發展歷史及常用於裝置周邊連結之藍芽。此類通訊之蓬勃發展正是目前個人行動裝置之基石，並將持續推動穿戴式裝置、物聯網等發展。

無線影音應用成為亮點

無線通訊除節省有連接線成本與方便性外，主要具有移動特性。除了傳統連上網路應用需求外，近年來無線傳送影音之鏡射（Mirror）技術與強調低速安全性應用於金融環境之近場通訊技術（Near Field Communication），更全面進入人類日常生活，對於無線影音傳輸應用的需要，將會持續驅動更高速無線技術發展。

參考文獻

[1] Alan V. Oppenheim, Alan S. Willsky, S. Hamid, Signals & Systems, 2/E, 1996.
[2] Peyton Peebles, Probability Random Variables and Random Signal Principles,

McGraw-Hill, 2002.
[3] David K. Cheng, Field and Wave Electromagnetics, 2/E, Pearson, 1989.
[4] Claude Shannon, A Mathematical Theory of Communication, The Bell System Technical Journal, Vol. 27, pp.379-423, July 1948.
[5] Giovanni Giambene, Queuing Theory and Telecommunications：Networks and Applications, Springer, 2005.
[6] Marion Cole, Telecommunication, Prentice-Hall, 1999.
[7] Andrew S. Tanenbaum, Computer Network, 3/E, Prentice-Hall, 1996.
[8] Raj Pandya, Mobile and Personal Communication Systems and Services, IEEE Press, 2000.
[9] Juha Heiskala, John Terry, Ph.D., OFDM Wireless LANs：A Theoretical and Practical Guide, Sams Publishing, 2002.
[10]Arogyaswami Paulraj, Rohit Nabar, Dhananjay Gore, Introduction to Space-Time Wireless Communications, Cambridge University Press.
[11]Tzi-Dar Chiueh, Pei-Yun Tsai, I-Wei Lai, Baseband Receiver Design for Wireless MIMO-OFDM Communications, 2/E, IEEE Press, 2012.
[12]Ali H.Sayed, Fundamentals of Adaptive Filtering, IEEE Press, 2003.

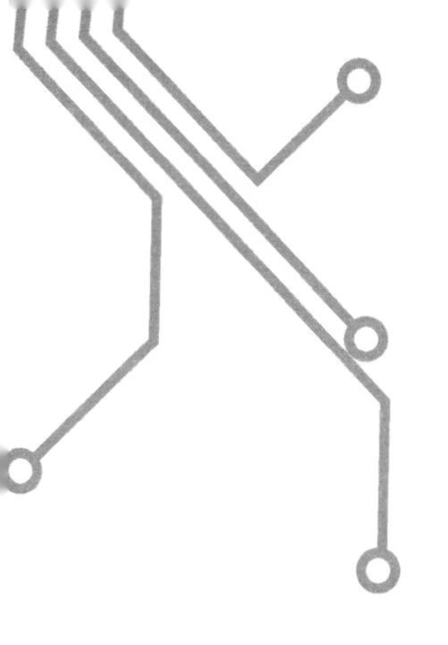

第4章

積體電路概論

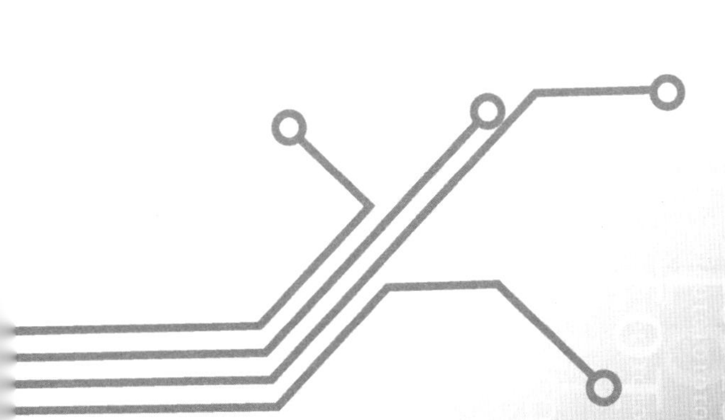

積體電路概論

4.1 矽晶之火

電晶體（Transistor）的發明與後續之積體電路（Integrated Circuit, IC）誕生，開啓了20世紀數位革命。個人行動裝置提供原先大型電腦才足以供應之影音通訊服務，透過電晶體在IC微縮，人們可以放入口袋內隨身攜帶。事實上前兩章說明通訊與微處理器技術，在智慧型手機流行之前早已於大型電腦中開發成熟。透過電晶體數量每18個月就倍增成長之摩爾定律，在可見的未來，將確定會有越來越多電晶體放入個人行動裝置中，爲人類提供更深度多元之服務。

歐洲奠定半導體理論基礎

在20世紀的初期物理學發生了極大的轉變，德國的物理學家馬克思．普朗克（Max Planck）開啓了量子力學（Quantum Mechanics）這個古典物理所無法解釋的潘朵拉之盒。因爲古典物理完全無法解釋黑體輻射問題，當時物理學家都認爲世界是連續且平滑，普朗克提出固定值爲單位解釋黑體散發光譜現象，此理論在當時簡直是離經叛道，普朗克後來也花了5年想醫治自己爲古典物理所造成的傷口，但最後還是承認失敗。

1901年有個無名的瑞士專利局的職員大膽做出了普朗克不敢繼續做的事，探討了光電效應，後來也因討論光子與電子的相互效應，而得到了諾貝爾獎，但這位職員在後代最令人稱讚的偉大貢獻卻是比光電效應先提出的相對論，是的，這個人就是愛因斯坦。

在愛因斯坦之後，拉塞福（Rutherford）、波耳（Niels Bohr）、海森堡（Heisenberg）及薛丁格（Schrodinger）等對於原子結構的闡釋，都有相當大的貢獻。電晶體的發明就是來自歐洲的近代量子物理理論，最終在美國的應用面上發揚光大。

美國發揚半導體應用

1945 年，蕭克利、巴丁以及布拉頓發明了電晶體，並在 1956 年因此共同獲得了諾貝爾物理學獎。當初三人是由蕭克利所帶領，一起在 AT&T 貝爾實驗室工作。初期最主要的研究目標就是發明一種固態裝置，用來取代當時普遍運用在電話設備，既笨重又不可靠的開關和放大器。

下面這段引用貝爾實驗室的歷史文獻。布拉頓即席對著麥克風說了幾句話，當沙沙的聲音經過耳機，進入包恩（當時蕭克利等人主管）的耳朵裡時，大家看著包恩帶著眼鏡的臉忽然露出驚訝的表情。接著他拿下耳機交給佛萊契，他戴上之後，也很快的搖搖頭，一副難以置信的樣子。對貝爾實驗室來說，這是一個令人興奮的經典時刻。70 年前，也有類似的事件發生在麻塞諸塞州波士頓的一間公寓閣樓裡，當時貝爾（A.G. Bell，1847－1922，電話發明人）說：「華特森先生，請過來一下，我有事找你 [1]。」

點石成金

最常被用來製造電晶體的元素是矽（Silicon）[2]。矽是地球上最豐富的元素之一，從海砂上面就可以提煉出來。電晶體在發明之後，馬上就如同蕭克利所預見的成爲資訊時代的神經細胞。早在 1961 年，電晶體就創造了幾十億美元的產值。在電晶體發明之後，德儀的基爾比和快捷半導體的諾宜斯不約而同的都想出可以把所有的電晶體都做在同一塊單石上面，這就是積體電路的概念，在電晶體剛發明時，被動元件如電阻、電感很難用電晶體製程所做成。事實上這些被動原件即使在現在製程要做到很大容量，成本也不小。如果電容還有接線都可以用相同的電晶體製程完成，那麼整個電路就可以做在一塊單石上。

積體電路之發明

1958 年任職於德儀的基爾比想出了把所有的電路元件都用相同的原料（也就是矽）製作成，這樣整個電路就可以做在一顆矽上面。在秋季，他成功完成了第一顆積體電路的雛形。也在同時，激烈競爭的矽谷中也傳出競爭對手 RCA 公司也打算推出一個固態電路的新產品。為了搶奪發明的先機，基爾比還沒有想到如何解決電路間連線金屬的問題，也就是還沒想出如何把電路間各個元件連接起來，即提出專利的申請。

諾宜斯等人創立了快捷半導體（Fairchild Semiconductor）後，因為公司剛成立，諾宜斯雖然有了把所有元件都以矽製作而成的構想，但迫於現實並沒有立即把自己腦中想法付諸實現，即使動工完成積體電路的雛形後，也過了四個月才提出專利的申請。之後由於聽到德儀將提出一種把所有元件整合在一起之全新電路傳聞，這個消息對當初生產獨立元件的快捷半導體來講，無非是致命的打擊，於是諾宜斯加快了將它的構想付諸實現。

與基爾比不同的是，諾宜斯體認到了把金屬線印刷到矽晶片上面的可能性。1959 年春季，快捷半導體致力於完成提供內建互連線的晶片。並於 7 月 30 日提出了專利的申請文件。21 個月後，諾宜斯的積體電路專利被批准了。這件消息震驚了最先提出積體電路專利申請案的德儀，即使後來德儀也取得積體電路專利。這場專利之戰拖了 10 年多後，IC 也成了電子產業重要的新產品。雖然法院最終認定諾宜斯才是積體電路的發明人，但是兩造以早先一步各自退讓承認對方擁有這歷史發明的部分權力，也同意彼此交互授權（Cross Licensed），在電子業界，也同意基爾比與諾宜斯共同列為積體電路的發明人。

電晶體應用蓬勃發展

電晶體誕生後，除 IC 發明以外，與電晶體相關之應用也陸續出現，例如動態隨機存取記憶體（Dynamic Random Access Memory, DRAM）。早年動態隨機存取記憶體使用磁蕊（Magnetic Core），體積面積大、不容易整合，後來羅伯特、丹諾發明一個電晶體加電容方式作爲動態隨機存取記憶方式的單位 [3]，其具有類似積體電路相關製程與高度易整合性，過去以來一直以倍速容量成長，除了傳統個人電腦使用以外，也已普遍進入家電應用當中。

個人行動裝置結合所有半導體應用

智慧型手機爲整合目前所有半導體技術，裝置內除積體電路之外，包含薄膜電晶體液晶顯示器（Thin Film Transistor Liquid Crystal Display, TFT-LCD）、動態隨機存取記憶體、快閃記憶體（NAND/NOR FLASH）、照相模組所需要之影像感測器（CMOS Image Sensor, CIS）以及新一代微機電（Micro Electro Mechanical Systems, MEMS）等，故半導體發明與進展對人類的影響，堪爲 20 世紀重要大事。

4.2 IC製造概論

積體電路（IC）工程已經是由半導體製程技術、半導體元件以及電路設計三項主要學門所構成。半導體製程、元件特性以及電路設計也可稱爲積體電路的三大元素 [4]。

製程與元件特性為半導體製造廠工作重點

半導體製程技術係將半導體材料以化學、化工之技術，用機械方法完成 IC 所依賴之眾多電晶體濃縮於微小面積的生產製造程序之技術整合。元件特性則是將半導體製程技術所生產之半導體元件物理特性分析了解並作成模型，以便在設計電路時能用來模擬作爲預先評估設計電路性能之用，其分析需要數學和物理的背景，電腦程式撰寫能力亦不可缺。

電路設計重視架構與模擬

電路設計爲 IC 設計最核心的部分，隨著電路越來越龐大，亦即 IC 裡面包含的功能越來越多，同時元件早已邁入深次微米的時代，設計的複雜度早已超過人工自行計算能力，目前數位半導體工程師皆需要電腦輔助設計（Computer Aided Design, CAD）之軟體幫助電路設計或是研究元件性能。

製程微縮帶來之挑戰

隨著通道長度（Channel Length）縮小，如供電電壓不變，將會導致電場變高，產生所謂熱載子效應。導致元件老化與元件不穩，故隨著製程進步，電壓必須隨著降低以減輕此效應對元件之影響。由於互補金屬氧化半導體（Complementary Metal Oxide Semiconductor, CMOS）其省電及容易整合（Integrated）規模化特性已被公認爲較適合作爲 IC 發展，故本節將主要介紹 CMOS IC 製程。

半導體積體電路製程流程

積體電路製程可分爲幾個重要步驟：單晶成長、製作電路圖形（微影技術與蝕刻）、加入雜質（離子佈植）、製作金屬接面、連線最後切割微晶圓片後封裝。現今 IC 製作流程 [5] 皆須達數百次程序方能完成，簡單介紹如下：

晶圓製作

目前多數 IC 製造源頭均由所謂的柴氏法（Czochralski Method）成長成單晶棒（Ingot）後，經過切片、研磨後成爲一片矽晶圓（Wafer），目前主流 Wafer 尺寸爲 300 mm（12 吋），越大 Wafer 尺寸，每片可切出越多顆 IC ，下一代晶圓大小將朝 450 mm（18 吋）前進。

微影技術

IC 電路佈局後，需要根據佈局製造光罩（Mask），而微影技術（Micro lithography）即爲以光子束經由 Mask 對 Wafer 上之光阻（Photoresist）照射。使光阻產生極性變化等化學作用，經顯影後將光罩之特定圖案轉移至晶圓，供後續製程使用，如離子佈植、金屬蒸鍍及電漿蝕刻等。今日步進機主流爲波長 193 nm ArF 雷射之浸潤式曝光。

蝕刻

在光罩曝光後，Wafer 上會出現 IC 佈局之圖案（Pattern），藉由蝕刻（Etching）技術將微影後所產生光阻圖案轉印至光阻下的材質上。早期採用硝酸將矽表面氧化成二氧化矽，再用氫氟酸（HF）將不需要部分去除，由於濕式蝕刻具有等向性（Isotropic），蝕刻溶液做縱向蝕刻時，側向蝕刻也將同時發生，導致圖案線寬失眞，故現在多以乾式電漿蝕刻取代。

離子佈植

在半導體製程當中，半導體晶體常常需要加入雜質（Dopant）以控制帶電載子數目，這種加入雜質方式稱爲摻入雜質（Doping）。離子佈植機是目前積體電路製造設備中最複雜且龐大，在基本製程應用很廣，包含形成 N 與 P 型井區及電晶體的源（Source）極與汲（Drain）極。

IC 金屬連接

個別電晶體製作完成後，爲連結所有電晶體，製作金屬薄膜爲必須流程。其主要應用爲導體接觸（Contact）與元件間連線（Interconnect）。隨著電晶體微縮積集度增加，晶片表面已無法提供足夠面積供應所需之內連線（Interconnect）。爲解決此問題，（超過）兩層金屬化設計已成爲現今 IC 製作必要方式。早期金屬連線採用鋁（Al），因其具有附著力強，容易蝕刻等優點，但隨著 IC 操作頻率上升，延遲性（Latency）降低趨勢，傳導性高、單位電阻性之金屬連線如銅（Cu）已成為現今金屬連線共同特徵。

封裝（Package）目的

晶片（Die）製作完成後，還需經封裝，透過與構裝基板連結，連結信號於外部印刷電路板（Printed Circuit Board, PCB）。其包含晶片固定（Die Mount）、電路連線（Interconnect）、結構密封（Sealing）等。封裝目的除了保護晶粒免於碰撞等典型應用外，現今更重要功能為散熱與維持信號完整（Signal Integrity）性 [6]。

散熱

尋找更適合材料一直是半導體製程工程師努力目標，隨著 IC 之內電晶體數目成長，高熱成了耗能增加的必然結果，IC 封裝曾經有使用陶瓷（Ceramic）等散熱材料，現常以覆晶（Flip Chip）直接貼黏晶粒，除了可直接散熱外，覆晶封裝對個人行動裝置等體積敏感裝置也有幫助。

信號完整性

早期晶片封裝會透過長接腳（Pin）與 PCB 相連，此長接腳在過去訊號頻率較低時，信號完整性效應可以忽視，但隨著頻率提升，此效應日益嚴重，故現今除低階產品外，IC 多以錫球（Solder Ball）取代長接腳作為電路板連接工具。

由於晶片需與構裝基板完成連結才可發揮功能，早期與現行低階 IC 產品連結方式為打線接合（Wire Bonding），其透過（熱）超音波接合等方法將金屬線打在晶片與引腳架（Lead Frame）或構裝基板之接墊（Pad）以形成電路連結，目前個人行動裝置內 IC 主流則以覆晶接合為主。

覆晶接合製作流程

覆晶接合技術約於 1960 年由 IBM 公司所開發，屬於平面式（Area Array）接合，並非如打線接合只能夠提供週列式接合（Peripheral Array），因此覆晶接合能應用於高密度之構裝連線。其製造方式係先在晶片接墊上長成銲錫凸塊（Solder Bump），再將晶片放在構裝基板上完成接墊對位後，以回流（Reflow）方式，配合銲錫融熔時之表面張力使銲錫成球後完成構接 [7]。

覆晶技術優缺點

由於覆晶技術無需透過金屬線，而可直接將晶片與構裝基板連結，除可大幅提高訊號完整性外，更可減小整體晶片封裝後體積，為高整合性系統單晶片最佳連線方式。缺點除成本較打線接合高外，因其晶片與構裝基板緊密結合，其連結點對於熱脹效應與壓力較為敏感。

IC 封裝分類

依封裝與外部電路板結合方式，封裝可分為引腳插入型或插件型（Pin-Through-Hole, PTH）與表面黏著型（Surface Mount Technology, SMT）兩大類型，由於 IC 高度整合訊號特性，增加單位密度則多以底部引腳元件為主，如針格式構裝（Pin Grid Array, PGA）。

引腳插入型

此元件引腳為細針狀，需透過電路板上導孔（Via）進行焊接固定。此為早期設計，成本較低，目前只存在於低階終端產品或使用於大型被動元件（如電容）等。

表面黏著型

與引腳插入型最大差別為，此構裝無需電路板上導孔，其引腳外型多變，甚至可能為無引腳，連結電路板方式為先黏貼於電路板後，再焊接固定。針格式構裝如以錫球（Solder Ball）取代底部延伸出之引腳則稱為球格式構裝（Ball Grid Array, or BGA）。

以上製程技術對未來電晶體微縮挑戰最大的當屬微影技術。隨著製程不斷微縮，光學微影波長也須跟著縮小，如果曝光解析度無法成長，摩爾定律將會受到嚴峻挑戰。目前所使用 193 nm ArF 爲透過以液體當介質，光線經過折射達到縮短波長目的。面對進入未來 10 nm 時代，微影曝光將改採極短紫外光（Extreme UV, EUV）。

4.3 IC製造技術潮流

隨著半導體製程持續微縮，晶片整合電晶體數目越來越多，更多挑戰接踵而來，本節將討論目前及未來可能技術。

製程微縮高電場效應

圖 4.1 說明 CMOS 剖面圖，通道長度（Channel Length）隨著製程進步持續微縮，電壓不變下將會造成電場持續增加。高電場會造成元件臨界（Threshold）電壓，也就是電晶體電流電壓（IV）特性隨著使用時間改變，此將導致 IC 產生可靠度（Reliability）問題，此狀況稱爲熱載子（Hot Carrier）效應，故隨著通道長度微縮，新製程電壓必須隨著降低。

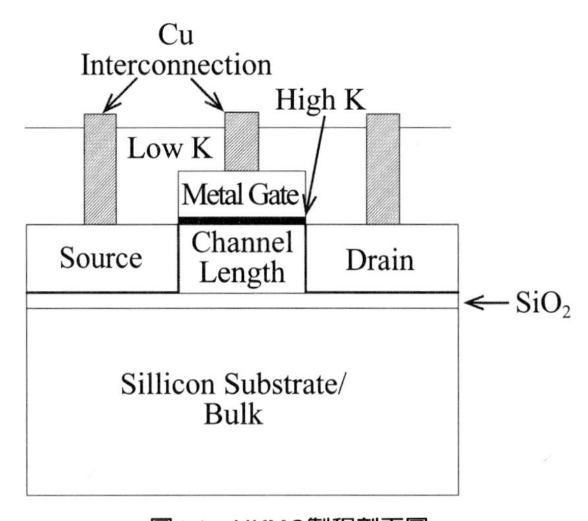

圖4.1　HKMG製程剖面圖

絕緣層上覆矽（Silicon on insulator, SOI）

在汲極與源極底下、矽基底（Silicon Bulk）上舖一層絕緣體（Insulator），如圖 4.1 之二氧化矽（SiO_2）。SOI 可以解決傳統（Bulk）電晶體閂鎖（Latch up）問題，對於外界輻射線有較高免疫力，同時有利解決奈米微縮帶來高電場效應，過去 SOI 由於成本較高，過去常被使用於太空，航太電子應用，隨著新一代製程帶來更多挑戰，SOI 已開始普遍應用於消費電子產品。

銅連線製程（Cu Interconnection）與低介電質（Low K）

由於 IC 內電路延遲（Latency）速度取決於電阻（Resistance）與電容（Capacitance）也就是 RC Delay。爲降低連線之單位電阻，現已採用銅取代早期使用鋁（Al）作爲內部電路連線，如圖 4.1 顯示連結源、閘（Gate）與汲極之連線。降低單位電阻時，同時也使用低介電質取代傳統，做爲不同金屬層（Inter Layer）間絕緣介質，以降低寄生（Parasitic）電容，同時減少 RC Delay 以增快電路傳導速度。

高介電質金屬閘極（High K Metal Gate, HKMG）

隨著 IC 內電晶體數目不斷上升以及行動應用日益重要，原本被認爲可忽視之漏（Leakage）電流效應對 IC 業者已無法不重視其存在，閘極漏電流源自閘極與通道之間絕緣層絕緣效應不足，早期此層使用 SiO_2，目前爲求更高絕緣度，故導入高介電質（High K）物質以杜絕漏電流，爲配合此絕緣層改變之貼合，閘極由原本使用之多晶矽（Poly Silicon）改成金屬閘（Metal Gate），HKMG 目前已成爲行動裝置 IC 內重要製程技術 [8]。

系統封裝模組（System in Package, SIP）介紹

將不同晶片整合進入一個封裝內，被稱系統封裝模組。其可能包含邏輯數位晶片、動態記憶體、快閃記憶體、類比混和性元件、

濾波器（Filter）與電容電阻等被動元件。

系統封裝模組特性

由於 IC 應用發展速度常高於半導體製程微縮技術，故透過封裝整合多種晶片亦為提高整合度方法，其優點除可減少外部電路板面積成本外，更重要的因素為提高封裝內連結電路密度與訊號完整性，可大幅減少外部設計與支援成本。

Intel 最早於 1994 年推出之 Pentium Pro 即開始採用系統封裝模組，當時此技術被稱為多晶片整合模組（Multi Chip Module, MCM），主要將 CPU 與外部第二級快取記憶體（Layer 2 Cache）同時封裝為一體，透過封裝內極短之間連線，第二級外取記憶體可與 CPU 運作於同樣頻率。

多晶片整合模組為較早應用，為平面（2D）技術，後續開始有立體化（3D）封裝方式被提出，包含多晶片封裝（Multi Chip Package, MCP），封裝層疊技術（Package on Package, or PoP）、晶片堆疊（Die Stack）等方式，可被視為 3D IC 發展前過渡技術。

晶片型封裝（Chip Scale Package, CSP）

除了封裝立體化外，純平面體積亦需持續縮小，傳統估計封裝效率（Package Efficiency）= IC 晶片面積 / 封裝在電路板之投影面積（Footprint），許多新型封裝技術提出目的即為增加封裝效率，早年雙列直插封裝（Dual In line Package, DIP）封裝效率只有 1～2%，提高封裝效率，意味著使封裝後 IC 面積減少至接近晶片尺寸之技術，此技術被稱為晶片型封裝。

晶圓級晶片型封裝（Wafer Level Chip Scale Package, WLCSP）誕生

目前被使用之 CSP 為 WLCSP，其特色為放棄傳統晶圓片切

片後之晶粒（Die）打線追加引腳方式，而是直接於晶圓片（Wafer）上進行封裝動作後再行切為單顆 IC。由於其無需傳統導線架（Lead Frame）也無須引腳。封裝效率幾乎接近 100%，

晶圓級晶片型封裝特性

除將 IC 面積降至最低外，由於其完全無導線架與引腳特性，非常有益於信號完整性，但此技術除了高成本外，過小之信號接墊將大幅提高外部電路板驗證與穩定困難性，雖有此缺點，但隨著穿戴式裝置對於空間體積之高度要求，使用此技術將逐漸普及。

3D IC 必然趨勢

電晶體數目持續成長

台灣積體電路公司（Taiwan Semiconductor Manufacturing Company, TSMC）曾經在 SEMATECH 2011 論壇提出關於人腦與目前積體電路比較。以輝達（NVIDIA）GF100圖形處理晶片為例，約為30億（3 Billion）個電晶體（2014年該公司發展GK110晶片，約使用 71 億個電晶體，圖形顯示晶片因為影像應用平行化特性，目前在所有晶片種類當中為數量最大者），GF100 使用 40 奈米製程，功耗約為 200 瓦（W），而人類大腦推估約有 1,000 億個腦細胞單元，約折 1 兆（Trillion）個電晶體，但功耗約僅 20 瓦。

如果未來人工智慧晶片要追上人類大腦，則運算密度要增加至少 300 倍，功耗亦需縮減至十分之一，推估至少要進入 2 奈米製程才有機會，此距離已接近原子尺寸，進入此大小將十分困難，故立體化晶片讓電晶體數目不受微縮技術瓶頸而持續成長（人腦亦為 3D 架構）。

矽穿孔（Through Silicon Via, TSV）推動 3D IC

對於 3D IC 製作方式，目前最有可能的方式為矽穿孔技術。此技術源自於傳統高密度多層印刷電路板製作方式，如同千層派一樣堆疊數個晶片，傳統平面晶片間訊號連線透過矽穿孔技術，以

立體方式上下傳遞至不同晶片。與 2D 方式相比可省掉打線連結、封裝材質體積，與外部電路板連線，並將整體終端裝置面積降至最低，如圖 4.2 所示。

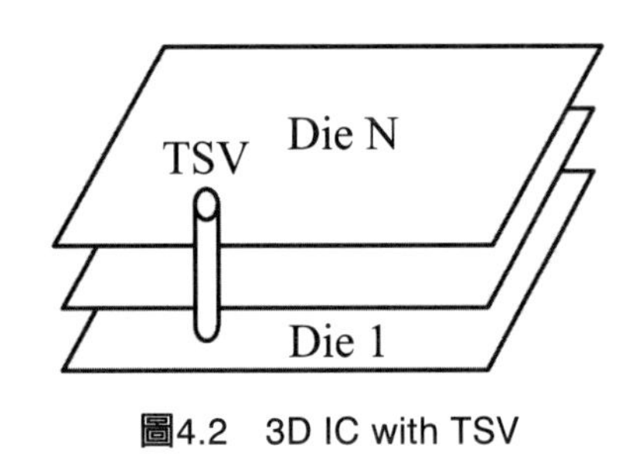

圖4.2　3D IC with TSV

矽穿孔可分爲先鑽孔（Via-First）、中間穿孔（Via-Middle）或是後鑽孔（Via-Last）等方式，後鑽孔方式爲先完成晶圓後，再製作矽穿孔，由於較接近現有晶圓廠方式製造，較吸引封裝廠商投入，但其孔徑較大，將會使得電路密度受限，先穿孔則爲在實際處理晶圓前，即先進行穿孔處理。

3D IC 整合挑戰

3D IC 較常使用於動態隨機存取記憶體與快閃記憶體等儲存晶片，或者應用於 CMOS 影像感測元件與微機電（MEMS）等同質性低功耗元件。目前對於異質整合（Hetergeneous Integrated），例如整合 CPU 、圖形處理單元（Graphic Processing Unit, GPU）、記憶體等則較爲困難，肇因於 CPU 與 GPU 等高耗能高電流元件非常容易成爲影響低功耗元件（如儲存記憶體晶片）線路穩定之干擾因素。不同耗能元件整合因其不同溫度，亦會產生不同熱膨脹因素造成封裝機構之應力效應，故異質整合仍有待努力。

4.4 IC產業行動裝置化趨勢

表 4.1　Fabless 營收排名資料來源

Rank	Company (1998)	Company (2013)
1	Altera	Qualcomm
2	Xilinx	Broadcom
3	C-Cube Microsystems	AMD
4	Level One	Mediatek
5	NeoMagic	NVIDIA
6	S3	Marvell
7	Lattice	LSI
8	ESS Technology	Xilinx
9	Actel	Altera
10	Integrated Circuit Systems	Avago

資料來源：IC Insight（1999, 2014）

在 1980 年代前，所有半導體公司皆爲整合元件製造（Integrated Device Manufacturers, IDM）模式，意即自行完成電路設計、工廠製造以及銷售服務。但隨著製程微縮以及晶圓尺寸增加，新建工廠的成本每每以等比級數增加。故晶圓代工商業模式首先被發展出來，將晶圓製造部份移出給代工廠之後，IC 業者就可以專心於設計與行銷晶片之業務上。此類無自己的 IC 製造廠廠商即被稱爲所謂的 Fabless 或 IC 設計業者。

IC 製造成本日益驚人

在 1980 年代資本額小之半導體公司要建造並養活製造工廠（Fab）並不困難，但隨著製程日益進步，Fab 相關費用日益驚人，到了 2014 年時，光是 Fab 建廠費用即達百億美元規模，全球除了

Intel與台灣積體電路公司（TSMC）有能力自行負擔全部費用外，其他業者多以互相結盟來分攤發展費用，未來IC製造發展除考驗研發技術能力外，財務運用亦為重要。此資本支出競賽仍會持續。

設計服務與矽智產興起

Fabless公司無須負擔昂貴工廠營運費用後，可專注於市場推廣、架構與電路設計，此時提供Fabless此類客戶之設計服務公司與矽智產公司興起。IP通常為智慧財產（Intellectual Property）之意，泛指相關著作、商標與專利等，但因為電路設計亦為此類，故在本章特以IP作為矽智產（Silicon IP）縮寫。通常販售IP之公司有時也兼做設計服務，實務上常出現既競爭又合作現象[9]。

IC設計業者成長變化

表4.1是無晶圓廠設計公司（Fabless）廠在1998年與2013年營業額之排名。從這兩個表可以看出IC種類之間的消長。1998年為個人電腦高速成長時期，當年前10大Fabless當中，只有一家是跟通訊有關（Levelone），Levelone是發展乙太網路（Ethernet）的晶片廠商（後來為intel所併購）。其餘多為PC或是FPGA/PLD等廠商。Altera、Xilinx、Actel、Lattice為FPGA/PLD等廠商，C-Cube、NeoMagic、S3則專注多媒體、影像等產品。值得一提的是當年（1998），Qualcomm並沒有在前10大名單當中，並不是因為其營業額不夠大，事實上Qualcomm在當年就已經發展2G CDMA（IS-95），最主要不在前10名是因為該公司遲至1999年才將生產基地台部門賣給Ericsson，手機部門則賣給Kyocera（京瓷），故非Fabless業者，然就當年營業額而言，Qualcomm約在第三名左右。

2014年時，Fabless排名整個大洗牌。除了Altera與Xilinx還在前10名之外，其餘皆為新的廠商。除了AMD（在2008年轉型為 Fabless，晶圓廠則獨立賣給阿布達比政府資金，更名為 Global Foundry）、NVIDIA（取代 S3 成為顯示晶片一方之霸）以及 LSI 以外，剩餘五家 Qualcomm, Broadcom, Marvell, Mediatek 以及 Avago 皆為通訊 IC 廠商。通訊 IC 所占之重要性可見一班。其中，Qualcomm、Mediatek 為傳統電信業代表，Broadcom、Marvell 為電腦網路業代表，而 Avago 則是生產功率放大器（PA）之大廠。在 2013 年，通訊 IC 廠商已占前 10 名的二分之一，就連傳統代表個人電腦之廠商 NVIDIA 也積極轉型，面對 AMD 併入 ATI 桌上型圖形處理部門搶攻 GPU 與 CPU 整合趨勢，NVIDIA 併入基頻（Base Band）處理商 Icera，積極搶攻行動運算的領域。

在 IC 應用種類方面，1998 年 IC 最主要的應用應以 PC 為主，在 CPU 方面以 Intel、AMD 為大宗，雖然也有許多嵌入式（Embedded）處理器，例如日立（Hitachi）之 SH、摩托羅拉（Motorola）之 Power 系列處理器等，但並沒有在出貨量占很大之比例。而在 DRAM 方面，除標準記憶體（SDRAM/PC66）外，另外如 VRAM（擁有 Two Ports 專為顯示應用）等 也是以 PC 為主要對象，日系廠商等在此占有絕對主導之優勢。在儲存裝置方面，幾乎使用硬碟，光碟（DVD）等裝置。當時是由美系 IBM、Quantum 與韓系業者所提供。

行動裝置應用崛起

表 4.2　1998 與 2014 主要資通訊產品與廠商

	1998 Product	1998 Vendors	2014 Product	2014 Vendors
CPU	Pentium II, Athlon	Intel, AMD	Cortex A, Atom	Qualcomm, Apple
RAM	EDO/SDRAM	NEC, Panasonic	LPDDR, DDR3	Samsung, Micron
Storage	Hard Disk	IBM, Seagate	SSD, Flash	Samsung, TOSHIBA

而在 2014 年時，IC 應用領域明顯由 PC 轉移至行動裝置如表 4.2，所以相關之 IC 應用，嵌入式產品故大行其道。在 CPU 方面除了 x86 之 iCore 架構繼續在 PC 高效能領域獨占鰲頭之外，ARM 架構所代表的 Sanpdragon 、Tegra 甚至 Apple 的 A 系列 CPU 所掀起的潮流明顯蓋過桌上型 PC ，甚至 ARM 架構也開始入侵筆記型電腦（Laptop），PC 所代表的視窗作業系統（Windows RT）。記憶體方面也由日系廠商主導之SDRAM轉型至Mobile（LPDDR）RAM。

記憶體廠商大整併

在 1998 至 2014 之間，記憶體廠商可謂經過一場大換血革命，日系廠商即使後來由 NEC 與 Hitachi DRAM 部門組合而成大廠爾必達（ELPIDA），還是不敵 PC 終端市場對 DRAM 需求的減少與韓系三星、海力士的規模競爭，最後在 2012 年 3 月宣布破產，並由美光（Micron）收購。

快閃記憶體取代硬碟作為儲存媒體

在儲存媒體方面，硬碟廠商業者也經過大規模整併，在 2011 年全球主要業者只剩希捷（Seagate）、威騰（Western Digital, WD）與東芝（TOSHIBA）等幾家業者，硬碟由於不易行動使用之故（硬碟工作原理是讀寫磁頭藉由高速旋轉漂浮在碟片上，故使用中不建議移動），對於近年來行動裝置如平板電腦（Tablet）的興起之風潮無介入機會，甚至在 Laptop 上面也遇到固態硬碟（Solid State Disk, SSD）等 Flash 強烈之挑戰。目前最大 Flash 製造商是三星與 TOSHIBA。

由上所述，可知近年來三星在 DRAM 與 FLASH 等行動裝置潮流下，必要之關鍵零組件皆已取得世界第一之占有率，除了 IC 元件之外，行動裝置需要使用之面板，三星也擁有主動矩陣有機發光二極體（AMOLED）之技術。藉由其多項垂直整合元件之實力，無怪乎三星全球半導體營業額從 1998 年第 8 名上升至 2013 年僅次 Intel 位居世界第二大，同時也取得 Apple 之 iPhone 、iPad 等某些元件之訂單。相較於台日在過去 PC 之輝煌背景，卻因沒有切確掌握行動運算通訊之潮流，在陸續對韓戰役中兵敗如山倒，韓國三星這段期間的成功模式頗值得相關電子產業參考。

IP 地位日顯重要

在過去 IC 的發展歷史當中，IP 扮演的角色特別值得注意。隨著晶片整合走向系統級，在過去為一顆晶片整合在系統晶片（SOC）中則成為一個 IP。在 SOC 所需要的功能越來越多的情況下，專注 IP 發展，並授權給 Fabless 或是 IDM 廠的營運模式即應運而生，此中最有名業者為英商 ARM 與 Imagination。

以 ARM 發展為例，此公司並不如 Intel 一般，自己設計 CPU 以及自行販售，而是將軟體原始軟體碼（Soft IP）或是電路佈局（Layout 、Hard IP）授權給 Qualcomm 、Apple 、TI 、NVIDIA 等業者，由他們將此 CPU IP 整合進其產品中。除了 IDM 與 IP 公司可能會販售 IP 之外，另外由於 IP 軟體的特性，CAD（電腦輔助設計軟體）公司常常也會販售 IP ，如新思（Synopsys）的 DesignWare。益華電腦（Cadence）與 Synopsys 等本身雖為 CAD 大廠，但同時也經營許多 IP 的授權。

2000 年後，已可透過軟體組態（Configuration），讓被授權的廠商根據其 IC 規格客製化 IP，例如 USB 的控制器（Controller）的軟體 IP 即可以選單勾選是否支援 3.0 版本抑或只需支援 2.0/1.0 版本 ，依此產生相關不同的暫存器轉移階層（RTL）碼。因 SOC 趨勢已成，未來將不會再有擁有單一 IP（技術）的 IC 廠商產生。故向相關廠商取得 IP 為最有市場時效（Time to Market）之方法。此方法雖可快速取得進入市場的機會，但也需特別留意競爭力之問題。畢竟，當多數都使用相同的 IP 發展產品時，自己的產品如何在許多競爭對手中脫穎而出，則考驗使用授權 IP 公司經營者的智慧。

4.5 結論

矽晶火燎原

近代物理為行動生活奠定基礎，從歐洲近代物理半導體理論之建立，到美國發展實際之應用，這個由海砂所提煉出的物質——矽，建立了 20 世紀至今的數位資訊世界，從早期個人電腦發展到目前個人行動裝置、穿戴式裝置，均可看見其蹤影，未來矽亦將持續為人類生活所貢獻。

IC 製造技術日趨複雜

在 IC 界三大主要學門，除設計架構、半導體元件特性外，本章第二節也說明了 IC 製造技術。IC 製造流程相當複雜，尤其每顆奈米級製程 IC 更高達數千次製造程序，包含晶圓製作、蝕刻、微影技術、IC 內金屬連線，到最後封裝。所需的研發人力與資金皆相當驚人，進入門檻極高。

立體化為 IC 之未來

面對微縮已接近原子尺寸物理極限，平面整合電晶體越趨困難，雖有許多技術如高介電質、晶圓級晶片型封裝分別提出節省功耗與平面面積，但是否足以維持摩爾定律之成長率仍不無疑問，立體化成為 3D IC 的未來趨勢，異質整合將會成為發展目標。

IC 產業朝個人行動裝置應用化

IC 為電子裝置主要核心，其應用亦跟隨資通訊產品發展而變化，從上個世紀 70 年代以前大型電腦應用，不斷微縮整合成為 90 年代後個人電腦，目前再進一步縮小成為個人行動裝置，未來亦將持續縮小朝穿戴式裝置、物聯網或是生醫應用。

參考文獻

[1] Michael Riordan, Lillian Hoddeson ，葉偉文譯，Crystal Fire-The Birth of the Information Age，天下文化，1998。

[2] 施敏、張俊彥譯，半導體元件物理與製作技術，高立，2000。

[3] Robert Dennard, the 2001 IEEE Honor Ceremony Brochure.

[4] 郭正邦，CMOS 數位 IC，麥格羅、希爾，1996。

[5] 莊達人，VLSI 製造技術，高立，1995。

[6] Dennis Herrell, Processors Put Pressure on Packages, Microprocessor Report, Linley Group, December 27, 1999.

[7] 陳力俊主編，微電子材料與製程，中國材料科學學會，2000。

[8] B. Guillaumot, X. Garros, F. Lime, K. Oshima, etc., "Metal Gate and High-k Integration for Advanced CMOS Devices", 2003 International Symposium on Plasma- and Process-Induced Damage.

[9] Daniel Nenni, Paul Mclellan, Fabless: The Transformation of the Semiconductor Industry. SemiWiki.com LLC. 2014.

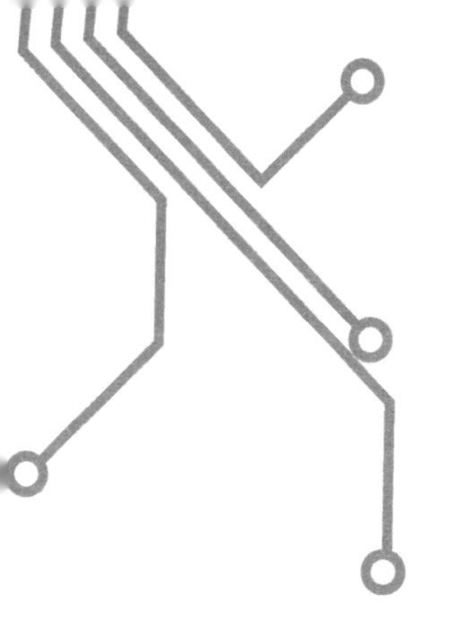

第5章

微處理器理論與實作

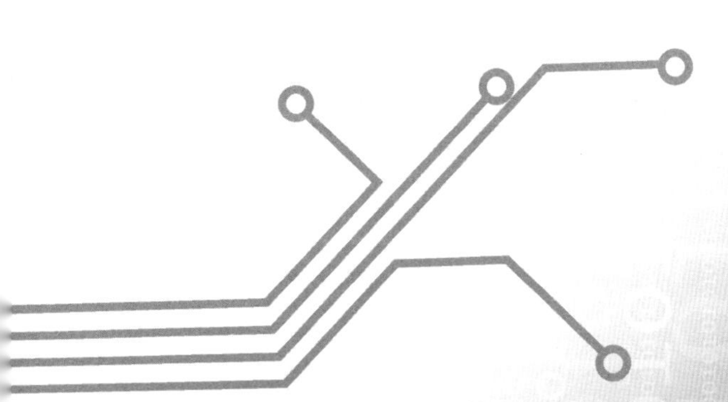

微處理器理論與實作

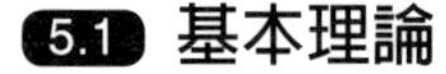

5.1 基本理論

指令運作流程

早期 CPU 架構由馮・諾伊曼（Von Neumann）提出時，大致分爲控制、運算、暫存器、記憶體以及輸出入通道，而後哈佛（Harvard）架構分開了記憶體部分，可以一個專門讀取指令，另一個同時做記憶體的讀寫動作。每個指令主要由四個操作，如圖 5.1 所組成 [1]，分述如下：

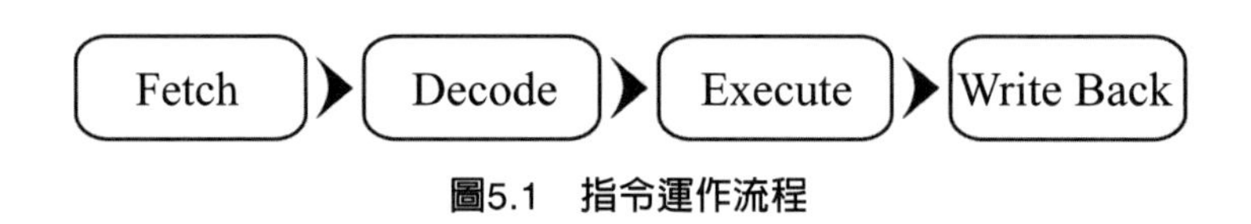

圖5.1　指令運作流程

擷取（Fetch）：CPU 從外部記憶體，讀取程式碼（由指令所組成）。

解碼（Decode）：根據操作碼（OP Code）類型，決定何種指令。

執行（Execute）：確認指令類型後開始執行。

寫回（Write Back）：將運算結果寫回記憶體。

由指令所組成的指令集在 CPU 應用扮演決定性角色。一般而言，使用不一樣指令集 CPU，所執行之軟體碼也不同。

指令格式

由於精簡指令集核心（RISC）已經主導所有 CPU（第二章第二節），其特色之一爲固定指令長度。指令主要類別可分爲下列三種，如圖 5.2。

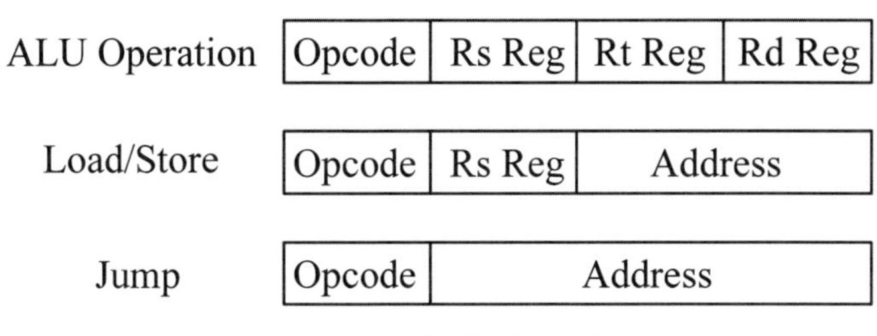

圖5.2　三種主要類別指令格式

1. 算數邏輯指令

算數邏輯（Arithmetic Logic Unit, ALU）指令 主要負責計算（Computing），包括加減乘除、移位、邏輯等功能。其操作係透過三個暫存器（Register, Reg）——兩個來源（Rs 與 Rt）將運算結果寫入目的（Destination, Rd）暫存器。

2. 記憶體存取指令

在 RISC 與複雜指令集（CISC）差異特性中，另外特色為 RISC 並無直接對記憶體內資料運算指令（減少複雜度），必定先用專屬指令以暫存器讀取（Load）或是寫入（Store）記憶體內容。

3. 跳躍分支指令

由於程式執行需要，並非所有 CPU 執行順序皆按照程式碼順序。跳躍（Jump）分支指令負責通知 CPU 下一個指令正確位址。

匯流排位址與資料線

CPU 透過匯流排（Bus）連結包括記憶體系統在內其他周邊系統，匯流排內主要訊號為位址（Address）、資料線（Data）與其他控制（Control）訊號。

1. 位址線

位址線目的在定址，越多定址線就允許 CPU 管理越多與越大容量裝置，目前個人電腦與個人行動裝置使用之 64 位元 CPU 較 32 位元高出 2^{32} 倍定址能力，實務上個人行動裝置使用 64 與 32 位元 CPU 的主要差異爲 64 位元可使用超過 4GB 的記憶體。

2. 資料線

資料線爲 CPU 傳送讀寫資料內容，資料線寬度主要取決於快取區塊（Cache Line）單位與爆發模式（Burst mode）週期，以 64 位元較爲常見。

CPU 只能執行相同指令集

在過去 CPU 計算能力較弱時期，不同指令集會造成整體系統壁壘分明。例如早年在使用摩托羅拉（Motorola）CPU 之 Apple 電腦的軟體，就不能在 IBM 相容電腦（也就是使用 x86 指令集）上面執行，反之亦然。就算是同類指令集（Instruction Set）的系統，往往因爲新的 CPU 增加了新的指令，使用此新指令的軟體就不能在較舊電腦上執行，例如標示只能執行在 IBM 相容 AT 以上的軟體就不能在 IBM XT 上面執行，標示 80386 以上執行的軟體就不能在 IBM AT 執行。

透過半導體技術進步，CPU 可模擬執行不同指令集

因指令不同或缺乏新指令而導致程式無法執行，在現今已非常少見，主要因爲 CPU 計算能力進步以及網際網路（Internet）發展貢獻。在指令集不同的情況下，CPU 要執行不同指令集的軟體可以透過模擬器（Emulator）。模擬器可以把不同指令集的指令模擬爲本身可以執行之指令，例如以前電視遊樂器如任天堂（Nintendo）或是 SONY PlayStation（1～3）軟體遊戲，現都可透過電腦上專門的模擬器執行。

Java 為處理執行不同指令集發展之平台

另對於解決指令集不相容，則是網際網路的發展，因爲網路蓬勃發展，克服相連電腦之間指令集不相容爲首先須處理課題，針對此問題，一種程式語言 Java 被發展出來，使用 Java 作爲設計語言

的程式，所編譯成的程式碼也就是所謂位元組碼（Bytecode）。使用 Bytecode 程式碼可跳脫指令集區隔，被任何處理器所執行。

跨平台開放指令集

Apple 的產品由於賈伯斯理念，從創立以來即維持封閉路線（當然不算他被趕出 Apple 的那些年）。而安卓（Android）系統為開放系統，故理論上是使用 Bytecode 所編譯（Compiled），所以不只 ARM 指令集 CPU 在 Android 系統上運行，由 Intel 所代表的 x86 指令集也可被使用。

開放指令集之隱憂

由於 2014 年 Android 在手機與平板電腦市占率約八成，多數個人行動裝置都使用 ARM 為 CPU ，x86 理論上雖相容於 Bytecode，但實務上卻無法保證所有 Android 軟體都可順利在 x86 CPU 執行，雖然規定是使用 Bytecode 開發，但實際上很多軟體開發者，為了加速軟體執行的流暢度，或是為了節省記憶體使用的因素，有可能會直接使用 ARM 組合語言撰寫程式，此類的軟體將會對 x86 CPU 在行動市場產生障礙。

指令管線（Instruction Pipeline）

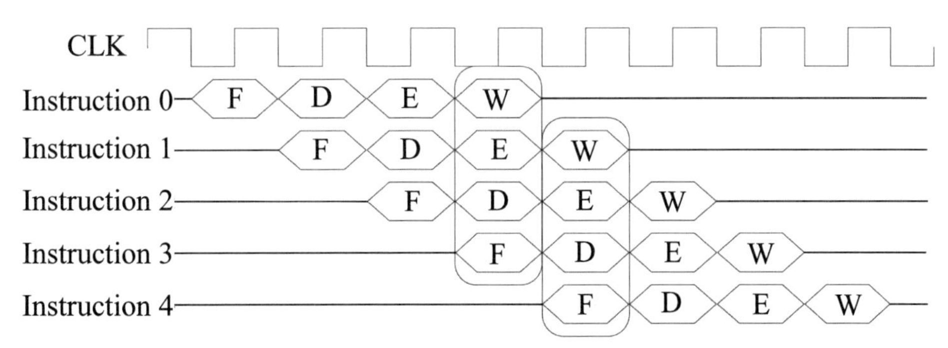

圖5.3　指令管線流程圖

管線流程圖

圖 5.3 說明指令管線流程圖，由於 CPU 執行指令有不同專屬單元，管線化目的即為提高所有 CPU 內各單元執行利用率（Utilization）。由於指令須經過上述四個步驟運算。如一步驟需要一個時脈週期（Period），每個指令需要四個週期才可計算完畢，管線化的目的是在各單元內設暫存正反器（Flip Flop），此目的可使目前尚未執行完成之指令可暫存在某執行階段時，即可開始執行下一個指令，由圖 5.3 所顯示，雖然指令 0 還是需要四個週期才執行完畢，但其實在第二個週期時，指令 1 就已經開始進入擷取階段，在第四個週期時，CPU 內所有單元都有不同指令同時執行，第五週期後，每個週期都可運算完成一個指令。

CPU 計算能力分析

CPU 執行應用程式所花時間越少，則運算效能越快。定義如下式：

CPU Time = Seconds / Program

= Clock Cycle Time × CPI × Instruction Count

其中亦可分析成三個主要因素：週期時間（Clock Cycle Time）、每指令所花週期（Cycles Per Instruction）與每應用程式之指令數（Instruction Count），分述如下：

Clock Cycle Time (CT) = Seconds / Clock Cycle

CPI = Clock Cycle / Instruction

Instruction Count (IC) = Instructions / Program

表 5.1　影響 CPU 效能因素

增加效能	影響實例	說明
增加管線階數	週期時脈	第二章第二節
改善架構	CISC、ILP	本章第二節
減少程式指令數	CISC、編譯器	第三章第二節

三個主要因素互相影響：

既然已經把 CPU 效能分解為此三個因素，自從 CPU 發展的數十年以來，所有 CPU 的進步皆是由改善此三個部分。但其實此三個因素會交互影響，例如拉高週期時脈（減少 CT），通常會導致 CPI 上升，故目前 CPU 架構設計師增加效能方法為平衡此三個主要因素下逐漸成長 [2]。

5.2 指令及資料階層平行化

降低 CPI 方式

由前節說明，提高 CPU 效能，亦即減少程式執行時間方法之一為減少 CPI，減少 CPI 方式可藉由每個週期增加可平行執行指令。其可分為兩類：指令階層平行化（Instruction-Level Parallelism, ILP）與資料階層平行化（Data-Level Parallelism, DLP）。

指令階層平行化（Instruction Layer Parallelism, ILP）

CPU 可以同時處理超過一條指令的功能被稱之為超純量（Superscalar），透過倍增 CPU 各執行單元，平行執行數個指令，超純量為提高 ILP 方式之一。

RISC 與超純量

純就設計理論，這兩者並無絕對關聯。而在電路實際設計上，超純量處理器之所以常被應用在 RISC 設計是因為 RISC 設計電路較 CISC 為規律，面對超純量所需再增加複雜度，在時脈的設計或是面積上均較原本複雜之 CISC 設計有優勢 [3]。圖 5.4(a) 顯示了同時執行兩個指令時序圖；圖 5.4(b) 則說明了架構圖，透過超純量設計整個執行時間理論上可以縮減一半。

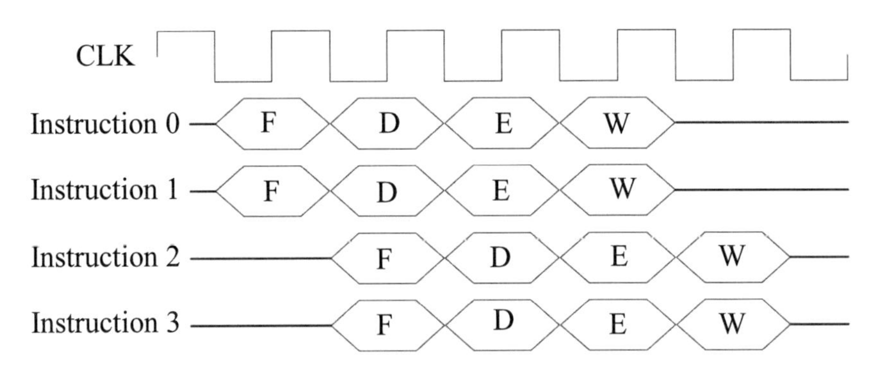

(a)Timing Flow

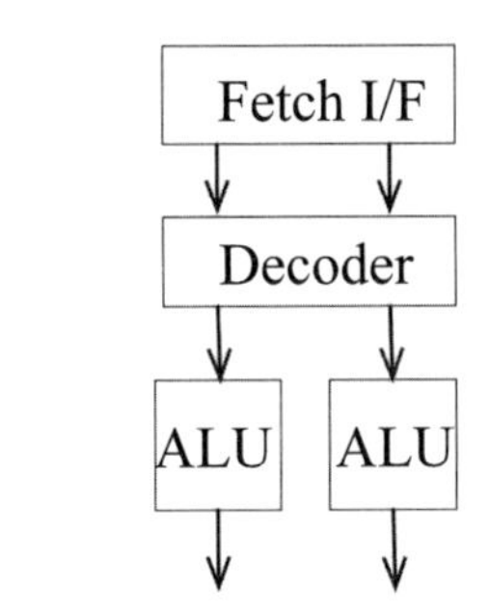

ALU: Arithmetic Logic Unit

(b)Function Diagram

圖5.4　超純量執行流程

超純量 CPU 之發展

Intel x86 的 CPU 從 1994 年 Pentium 開始增加超純量功能，但是 ARM 直到 Cortex-A8 以後才運用上這種理論——可使效能倍增的技術，最主要原因是因爲此技術雖可以大幅增加運算效能，但同時也會大幅增加電路的面積與複雜度，對 ARM 所主宰的行動裝置而言，這種結果同時意味著功率大幅上升，在效能與功耗取捨上（Trade off）沒有得到絕對優勢時，安謀並沒有很快的運用此技術到產品上。在 Pentium 中，分別使用被稱爲 U 、V 的兩條純量管線同時執行兩個 x86 指令。到了 Pentium Pro 以後，由於使用第二章第二節說明之 u-op RISC 核心，每個 P6 架構（包含 Pentium Pro 、Pentium II 與 Pentium III）同時可以執行 3 個 u-op[4] ，到了 Core 架構（包含 Core 2 以後）增加爲 4 個 u-op。

超長指令組

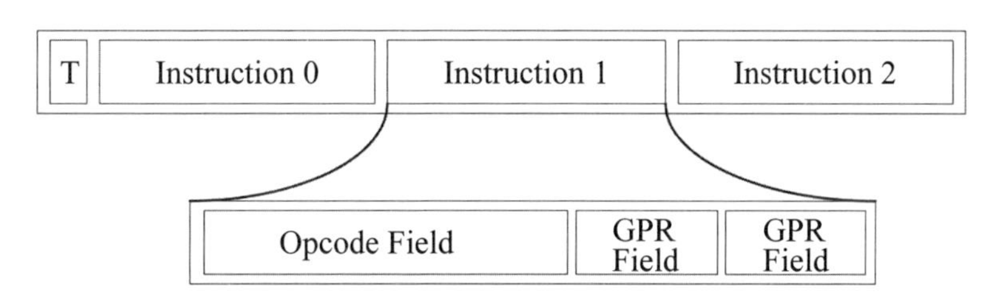

圖5.5　超長指令組格式

超長指令組（Very Long Instruction Word, VLIW）爲另一常見提高指令階層平行化，其特質爲封裝許多不會交互影響執行結果之指令爲一超長指令組。因指令不具交互影響，亦即所有指令運算結果不需爲同封裝指令所使用，且 CPU 資源亦可支援同時運算。此設計技術與其他提高之 ILP 最大差別爲透過軟體，亦即編譯器（Compiler）之幫助，編譯器產生機器指令碼時，因其具有程式碼所有特性，故可決定那些指令設計可被封裝爲同一 VLIW，圖 5.5 說明了 VLIW 封裝了三個指令。T 欄位說明此 VLIW 是否爲封裝指令，而每個指令具有 Opcode 顯示此指令運作種類，與使用之通用目的暫存器（General Purpose Register, GPR）。

VLIW 在 PC 微處理器的歷史中，首先出現在 1998 年 Intel

與惠普（Hewlett Packard, HP）共同開發之 IA-64 架構，命名為明確平行指令計算（Explicitly Parallel Instruction Computing, EPIC），此架構雖為 Intel 首次推出之 64 位元指令集，CPU 有相容模式可以執行 x86 軟體，但原生（Native）指令集卻與 PC 使用之 x86 指令集完全不相容，主要是應用在伺服器。

資料階層平行化（Data Layer Parallelism, DLP）

主要提升資料階層平行化方法為單一指令多個資料流（Single Instruction Multiple Data, SIMD）[5]。

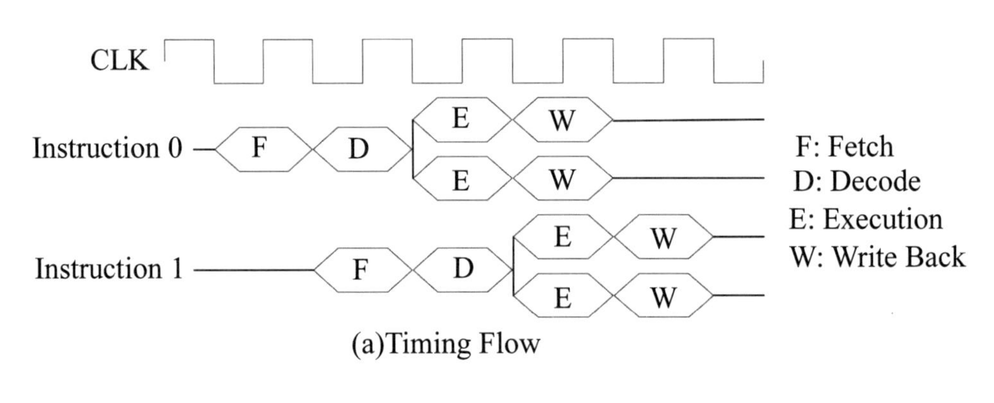

(a)Timing Flow

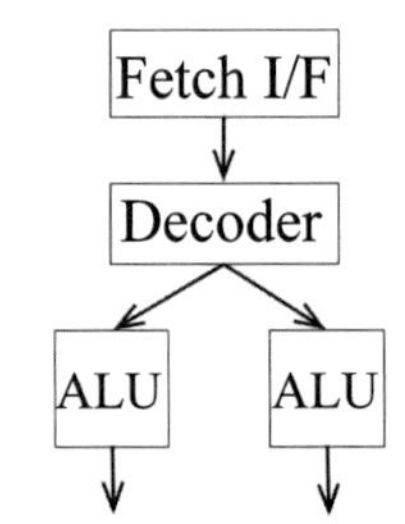

ALU: Arithmetic Logic Unit
(b)Function Diagram

圖5.6　單一指令多個資料流技術

單一指令多個資料流

提高 CPU 效能方法中，其中有一重要程序爲分析所執行之應用程式特性，隨著通訊與多媒體應用在 PC 甚至個人行動裝置普及，此兩種應用具有共通特質。蓋因通訊需封裝大量數據資料於封包（Package）或稱爲訊框（Frame）中，而影像資料則需同時處理大量構成畫面的基本單位——像素（Pixel），這些大量影像通訊資料都具有固定程序處理，通訊部分可詳見第六章，影像詳見第七章。具有使用單一指令即可處理多倍數據資料之 SIMD 常被使用在資通訊（Information Communication Technology, ICT）產品中。

SIMD 在 PC、筆記型電腦中最早出現於 Pentium MMX（Multi Media Extension），其後 Intel 繼續追加具有 SIMD 特質之多媒體指令：串流 SIMD 延伸（Stream SIMD Extension, SSE）、SSE2、SSE3 等。ARM 則從 ARM 11 開始追加 SIMD 指令，並在 Cortex 系列擴充 SIMD 指令，其名爲 NEON 媒體處理引擎。

SIMD 執行流程如圖 5.6(a) 所示，而每個具有 SIMD 指令之 CPU 由於具有多個算術邏輯單元（Arithmetic Logic Unit, ALU），如圖 5.6(b) 表示。單一指令可同時執行兩個運算，圖 5.5(a) 顯示了 SIMD 指令理論上可較傳統單一管線 CPU 計算減少一半指令數，並減少執行時間。

數位訊號處理器（Digital Signal Processor, DSP）

數位訊號處理器可視爲特別 CPU 案例，其並非如一般 CPU 爲通用化（General Purpose），用以專門計算數位訊號處理（Digital Signal Processing）。因其專注化（Dedicated）特性，幾乎全具有 SIMD 特質，甚至是 VLIW 技術。

5.3 記憶體體系與多核心

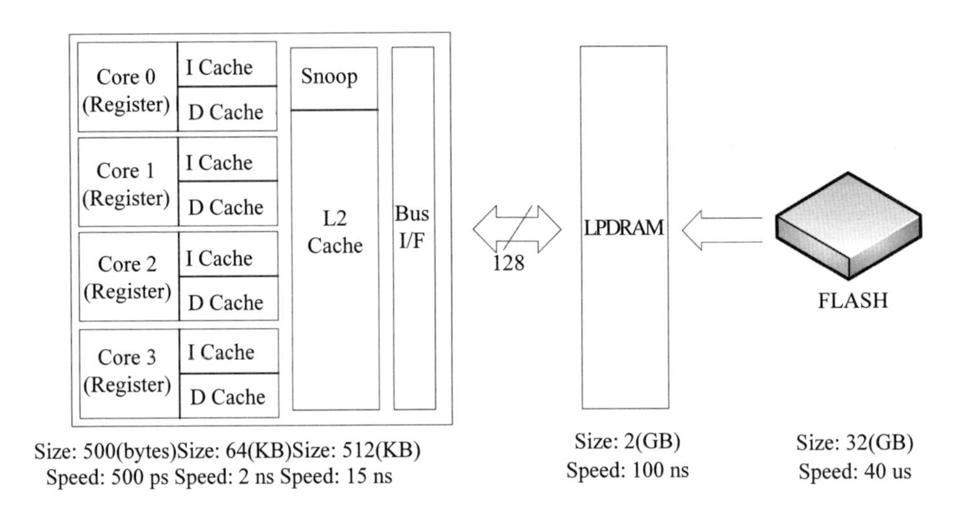

圖5.7　四核心微處理器與相關記憶體體系

記憶體體系（Memory Hierarchy）

圖 5.7 說明了個人行動裝置中完整記憶體體系，記憶體通常根據延遲（Latency）時間與容量大小（此兩項成反比），分爲暫存器（Register）、第一級快取（Layer 1 Cache）、第二級快取（Layer 2 Cache）、動態隨機存取記憶體（Dynamic Random Access Memory, DRAM）與快閃記憶體（Flash）。越靠近 CPU 核心（Core）之快取具有越少之延遲時間。早期執行程式碼只能放在 DRAM，但由於其延遲時間長，利用程式碼中變數對記憶體存取具有時間（Temporal）與空間（Spatial）重複利用特性，設置快取裝置，降低需要對次級快取以及 DRAM 存取次數以達成效能提升。

1. 暫存器

暫存器爲所有記憶體體系中速度最快者，通常由時脈邊緣觸發正反器（Flip Flop）組成，能夠在一個時脈週期內讀寫完畢。由於每位元約使用 30 個電晶體，儲存成本也最高，故容量也為體系中最小。

2. 第一級快取

L1 Cache 通常由靜態隨機存取記憶體（Static Random Access Memory, SRAM）組成，Intel 在開發 386 時，曾經考慮將當時已在大型電腦中使用快取整合進 CPU，但由於當年製程不夠先進，故直至 486 才將（L1）快取整合，到了 Pentium 推出時開始將 L1 分為指令快取（Instruction Cache, I Cache）與資料快取（Data Cache, D Cache）。主要原因為 SRAM 讀取埠數目會大大影響 SRAM 面積（成本），透過指令快取只需讀取特性分開，分開快取可在維持一定效能下減少成本，故為目前所有微處理器所採用。L1 Cache 為了同時比對所需資料是否存在（Hit），通常具有全相關性（Full Associate）特質，故常以內容位址記憶體（Content Address Memory, CAM）設計。

3. 第二級快取

當所需資料不存在 L1 Cache 時（Miss），即須向 L2 Cache 查詢，L2 常為集相關性（Set Associate）或直接對應（Direct Map）設計之快取，Pentium Pro 時 L2 與 CPU 核心（Core）一起封裝（Package），近年由於半導體製程進步，已可直接整合至 CPU 晶粒（Die）中。如 L2 Cache 仍 Miss，CPU 才至 DRAM 讀取。

DRAM

DRAM 為 CPU 讀寫應用程式碼之處，詳見第八章第三節。

記憶體體系效能計算：

$$T_{avg}=T_{L1acc}+(Miss_{L1}\times T_{L2acc})+(Miss_{L1}\times Miss_{L2}\times T_{DRAMacc})$$

上式說明了圖 5.7 記憶體平均存取時間（T），由此可知提升記憶體效能方法可藉由降低各級快取失誤率（Miss Rate）以及降低各級快取（含 DRAM）延遲時間 [2]。

4. 快取讀寫策略

快取每次讀取的基本單位稱爲區塊（Line），實務上常爲 32（Bytes），當 Core 讀取 Miss 時，從後一級 Cache 或是 DRAM 會以一個 Cache Line 爲單位，同時置換前一級快取。讀取取代方法在 L1 Cache 由於容量最小且對效能要求做高，故通常以最少使用（Least Recently Used, LRU）演算法取代，在 L2 則常是計算集相關（Set Association）位置。快取寫回方式，爲節省記憶體讀寫頻寬，目前通常以寫回（Write Back）策略居多。

執行緒級平行性（Thread Layer Parallelism, TLP）

行程（Process）可以由一個執行緒（Thread），或是多執行緒（Multi Threads）所組成。CPU 透過開發 TLP ，同時執行多個行程（Multiple Processes）以達成多工（Multitasking）或是加速具有多執行緒之單一行程（Single Process）。爲達成 TLP ，除了 CPU 硬體需參與外，作業系統與多執行緒之應用程式亦不可或缺。

多工

即使只有一個CPU，透過硬體保護各行程存放在記憶體位址，作業系統可透過高速切換各個行程或是執行緒達成多工。

加速多執行緒應用程式

應用程式開發時可透過多執行緒撰寫方式，以達成爲透過 TLP 加速執行檔案

多處理技術（Multiprocessing）

當微處理器開發 ILP 與 DLP ，單一 CPU 效能年成長率遇到瓶頸後，多處理技術可藉由提升 TLP 成了近年來主流。由於處理器

時脈近年提升率不高，處理器對於 CPI 之改善，成長率也不如過往，過去大型電腦早已應用之多處理技術開始導入至 PC 與個人行動裝置之 CPU 上。值得注意的是所謂多處理技術可能包含如圖 5.7 所示之多核心（Multiple Cores）之單一處理器亦或是具有每個擁有多（或單一）核心之多個微處理器所組成之系統 [6]。

由於不同的執行緒有個別之程式計算器（Program Counter, PC）、暫存器（Register）資料與推疊（Stack），支援多執行緒之作業系統可透過分配多處理器至不同執行緒執行，達成提升整體效能。多處理器技術根據記憶體位址存取可分爲共享（Shared）與分散式（Distributed）兩種方式，目前個人行動裝置與 PC 常使用共享式，如圖 5.7 所示。分散式多處理技術目前多使用在資料中心（Data Center）。

快取窺察（Cache Snoop）

圖 5.7 爲四核心且具 L1 及 L2 Cache 之 CPU，每個核心雖擁有各自指令與資料分開之 L1 Cache，但 L2 Cache 則是共同使用，根據上述快取讀寫策略，多核心亦或多處理器如果共同使用單一快取，將可能會造成快取資料不一致，例如某個核心已經更新了某處 L2 資料，但如有相同位址之快取資料位於其他核心中未同步更新，將造成資料不一致。故明顯修改適合多核心之快取協定是必要的，爲解決此快取資料一致性（Coherence）問題，開發具窺察功能之快取協定成了多核心 CPU 共同特性。

5.4 CPU單元實作

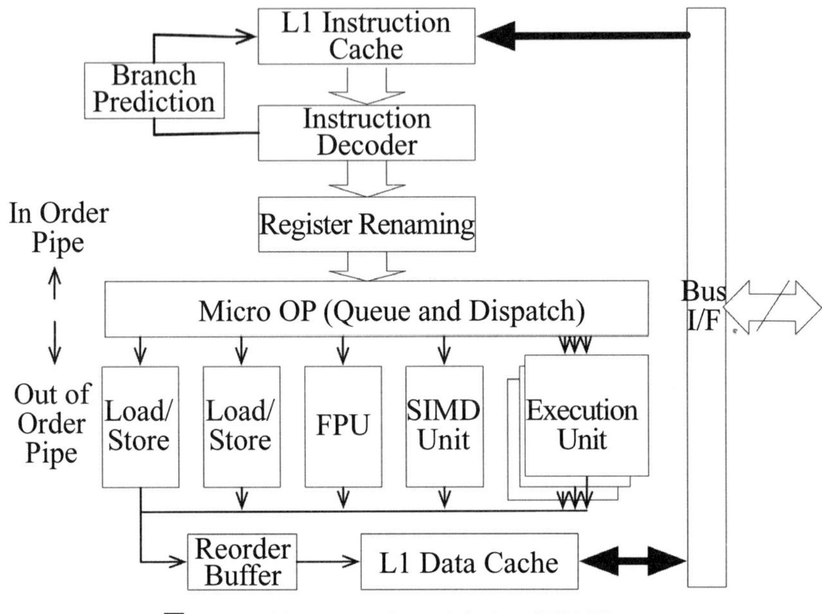

圖5.8　3 Way Issue Out of Order CPU Diagram

管線與超純量設計所遇之挑戰

理論上透過管線化以及超純量設計可達到每個週期執行數倍指令，但因為許多指令執行之限制，實務上遠遠無法達到，根據統計，通常一個雙管線（2 Way）之超純量處理器比起單管線之純量處理器只多出 30% 效能 [3]。造成此效能降低主因為三種：資料風險（Data Hazard）、執行流程風險（Control Hazards）與資源衝突（Structural Hazards）：

1. 資料風險

欲平行執行多數指令，前提之一為這些指令所需使用之運算資料並無相關性。舉例來說，假如 B 指令需要使用 A 指令執行後結果作為其運算資料，則 A、B 指令無法同時執行，此狀況又稱為資料相依性（Data Dependency）。

2. 執行流程風險

由於管線與超純量設計皆依程式碼順序擷取次指令，如遇到分支（Branch）狀況，改變程式執行流程時（例如程式中 if 或是 jump 指令）原已預先擷取指令與進入管線中指令皆需全部清空，將會導致整個 CPU 管線重新啟動，此可能改變程式執行流程之危險稱爲執行流程風險。

3. 資源衝突

資源衝突來自無法掌握超純量設計同時執行多數指令是否有足夠相關執行單元可運算。例如浮點運算（Floating Point Unit, FPU）通常是 CPU 中運算成本最高單元，即使在超純量架構也通常只有一個，如果遇到多數指令同時需做浮點運算，會無法同時執行。

非循序（Out of Order, OoO）執行架構

爲了解決上述說明之三種平行執行風險，OoO 執行架構被提出，圖 5.8 爲類似 ARM Cortex-A15 與 Intel Pentium Pro 後之可平行發送三指令（3 Way Issue）OoO CPU 架構，架構單元與流程如下：

1. 架構單元

(1) 暫存器重命名（Register Renaming）

通常新開發 CPU 會有更多暫存器可使用，但由於市面上存在編譯後程式碼已事先決定使用暫存器，許多同時使用相同暫存器不一定具有資料相關性（Data Dependency），此時可透過暫存器重命名克服此假（False）的資源衝突以提升指令同時執行能力，此功能尤其對於傳承 x86 指令之 CPU 更爲重要（x86 只有 8 個通用暫存器）。

(2) 非循序微指令發送（Micro OP Dispatch）

指令在解碼之後會變成一個以上之微指令（Micro OP ，或者

u-op），微指令們將會送至佇列（Queue）等待發送（Dispatch）至相關運算單位，此單元爲 CPU 控制中心，因爲微指令將開始跳脫原程式碼順序，根據是否可平行執行（無資料相依性）。

(3) 載入儲存（Load/Store）

此單元爲專門處理記憶體與 CPU 間存取，爲典型 RISC 架構單元。

(4) 執行單元（Execution）

執行單元爲算數邏輯單元（Arithmetic Logic Unit, ALU）、移位（Shift）單元等所組成，負責大部分需計算之指令。

(5) 改序單元（Reorder Buffer）

當所有微指令平行執行完畢後，由於其 OoO 特性與原有程式執行結果不符，故寫回記憶體時需回復成原先順序，避免造成程式碼執行結果誤判，此過程由改序單元負責執行。

2. 指令流程

每次三個指令從 I Cache 同時讀取後，會送至指令解碼單元（Instruction Decoder）解碼成微指令，這些已解碼之微指令經過暫存器重命名後，會送至序列等候非循序發送，實務上，大部分 CPU 此時可同時發送約 8 個微指令送至相關單元執行，執行完畢後送至改序單元還原成原程式碼順序執行結果寫回記憶體（D Cache）。

3. 推測式執行

由於每次依序預先擷取（Prefetch）三個指令，但實際程式碼執行並非所有皆按照程式碼實體位置順序，跳躍（Jump）指令或是根據運算結果改變至其他程式碼之分支（Branch）指令，皆會導致整個架構管線內未完成指令被清掉。推測式執行（Speculation Execution）即爲透過統計過去已完成運算之結果，預測（Prediction）下一個可能被執行之指令，從記憶體內擷取後解碼。

(1) 預先存取主記憶體

由於記憶體體系內為透過快取設置減少對主記憶體存取，循序擷取之指令幾乎都從快取區塊（Cache Line）擷取，當遇到指令執行順序改變時，新指令位置常不在快取區塊內，預先對主記憶體存取該指令可縮短下一個指令執行時間。

(2) 分支預測

透過分支預測表（Branch Prediction Table）記錄過去分支執行目的與可能性，例如表內有 4096 個項目（Entry）並透過 2 位元記錄每項目之狀態（State）[7]。由於改變指令執行流程對超純量架構影響相當大（一旦執行順序改變，超純量架構需清掉內部單元內原先預定指令），故 Intel 在 1993 年首次推出超純量 Pentium 時，即納入分支預測單元，解決此困境。

(3) 克服三種風險技術

表 5.2　對應解決技術

風險	資源衝突	執行流程	資料相依
解決技術	超純量架構	推測式執行	非循序微指令發送

表 5.2 整理了計算機架構內為解決多數指令平行執行所產生三大風險之相關解決技術。

5.5 結論

指令集影響 CPU 執行架構

指令為 CPU 執行單位，控制 CPU 內部各單位完成相關運算，針對指令集特性並加以開發，為發展 CPU 效能主要方法。主要影響指令級平行性執行因素為週期時間、每指令所花週期與每應用程式之指令數，此三因素又會互相影響。

單一核心主要開拓指令與資料級平行性

加深指令執行管線化過程意味開拓多個指令平行運算可能，除此之外，透過增加每個執行運算功能單位，例如算數邏輯單元或是指令解碼單元，可在無資料相依指令之間平行執行，或者利用運算資料特性，增加特殊指令可透過單一指令執行多次運算。指令與資料級平行性加速單一核心運算效能。

記憶體體系設計扮演 CPU 效能之重要角色

隨著多種平行設計增加 CPU 效能，CPU 對記憶體存取資料之延遲（Latency）對整體效能之影響越來越高，透過多層記憶體配置可縮短整體對記憶體資料之存取時間。

使用非循序執行架構已成高效能核心設計主軸

第四節說明之非循序執行架構，其透過配置多個執行單位，可解決指令平行執行產生之資料相依性問題，並搭配暫存器重命名等技術克服執行資源結構不足。最後架構內之分支預測可處理程式碼可能跳躍執行所產生之預先擷取錯誤。目前個人電腦與高階智慧型手機皆已使用此單一核心。

參考文獻

[1] John l. Hennessy, David A. Patterson, Computer Organization and Design Hardware and Software Interface, 4/E, Morgan Kaufmann, 2011.

[2] John l. Hennessy, David A. Patterson, Computer Architecture A Quantitative Approach, 5/E, Morgan Kaufmann, 2012.

[3] Mike Johnson, Superscalar Microprocessor Design, Prentice Hall, 1990.

[4] Tom Shanley, Pentium Pro Processor System Architecture, Addison Wesley Developers Press, 1997.

[5] Michael J. Flynn, Computer Architecture Pipelined and Parallel Processor Design, Jones & Bartlett Learning, 1995.

[6] Kai Huang, Zhiwei Xu, Scalable Parallel Computing, McGraw-Hill, 1998.
[7] Jari Nurmi, Processor Design – System On Chip Computing for ASICs and FPGAs , Springer, 2007.

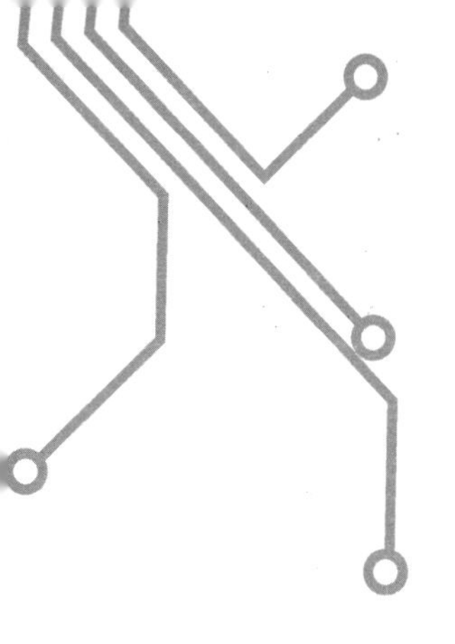

第 6 章

網路通訊理論與實作

6.1 基礎數位通訊理論
6.2 通訊協定堆疊
6.3 電信網路
6.4 基頻單元實作
6.5 結論

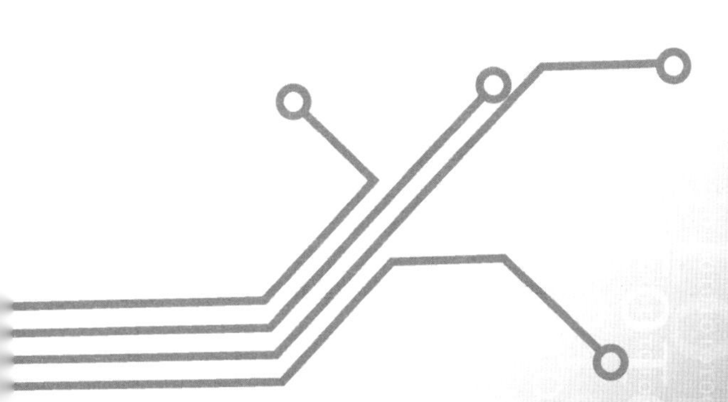

網路通訊理論與實作

6.1 基礎數位通訊理論

電磁波藉由媒介傳遞，會隨著傳送的距離衰減（不管有線或是無線都會遇到衰減，只是無線通訊的衰減更大），除此之外，傳遞中遇到問題（也被稱為通道效應）包括雜訊（Noise）、多路徑衰降（Multipath Fading）、都普勒效應（Doppler Effect）與干擾（Interference）。

多路徑衰降

電磁波的反射（Reflection）和繞射（Diffraction）會導致在接收端重複收訊，前後接收訊號互相干擾，此問題在受地形、地物影響之無線通訊中特別嚴重，此多條路徑接收稱為多路徑衰降。

都普勒效應

由於電磁波具備波之特性，手機裝置在高速移動時，收發電磁波也會跟著移動導致原本傳輸訊號頻譜產生變化，類似火車鳴笛進站產生效應，故手機設計時需考慮到此效應。

干擾

無線通道與有線通道相比，由於為開放環境，容易遭受許多干擾，其中可分為兩大類：非同類與同類。

1. 非同類干擾

非同類干擾通常發生於不需要執照審核（Unlicensed），也就是非專用頻段中產生，典型案例為 2.4 GHz 之工業、科學與醫療頻段（ISM band），此頻段除了 WiFi 外，藍芽（BlueTooth, BT）、甚至微波爐的運作頻率都在此，容易交互干擾。

2. 同類干擾

同類裝置在相同頻段雖已經透過距離等其他方式隔離，但仍無法達到完全零干擾，發生狀況可能如下：

(1) 相同通道干擾（Co-Channel Interference）

由於蜂巢（Cellular）在 2G 分採用相鄰區域（Zone）不同頻率（Frequency），現實中區域（Zone）數目遠大於可使用之頻道下，某些距離較遠之區域（Zone）會使用相同頻率，雖然因爲遠距離相隔，信號已大幅衰降，但還是會對本區信號造成干擾。

(2) 多用戶干擾（Multiple Users Interference）

即使在同個區域（Zone），雖已靠正交性（Orthogonal）分開個別用戶，但實際上由於物理特性無法完全去除其他用戶干擾，其中又以 CDMA 特性最爲嚴重，因爲 CDMA 採分碼正交，Node B（參見第三節）接收 UE 不同碼字（Code Word），當多個 UE 如以相同功率（Power）同時對 Node B 存取時，距離較近 UE 由於衰減幅度小，將會干擾遠距傳送以及振福衰減較大之遠端 UE 傳送資料 [1]。

通道訊號特性

同調時間（Coherent Time）與同調頻寬（Coherent Bandwith）爲觀察通道訊號之重要參數。

1. 同調時間

由於行動通訊導致通道特性隨著位置移動，同調時間定義了通道效應不變下傳輸週期長度，故此參數與都普勒效應相關。

2. 同調頻寬

同調頻寬定義了通道中具有相同頻率效應（Frequency Response）之頻寬長度，此稱爲平衰降（Flat Fading）。當傳輸速度（Sample Rate）越來越快，傳輸訊號大於通道同調頻寬時，將會產生信號互相干擾（Inter Symbol Interference, ISI），也就是前後傳送訊號互相干擾，此時通道被稱為頻率選擇衰降（Frequency Selective Fading）。ISI 並不限於無線通道環境，只要滿足上述發生條件，有線通道也會產生，例如硬碟中之讀取通道、有線乙太網路皆須補償 ISI 造成之效應。

通道編解碼（Channel Coding）

通道編解碼是為了克服訊號在通道傳輸中所遇到的雜訊等問題，雖然增加一些傳輸的多餘資料量，但此法可以去偵測甚至去更正因為通道效應所造成接收的錯誤，常見的傳統通道編碼有循環冗餘校驗碼（Cyclic Redundancy Check, CRC）、迴旋碼（Convolutional Code）等，比較新的通道碼則以渦輪碼（Turbo Code）以及低密度奇偶校驗碼（Low Density Parity Check, LDPC）[2] 等最為常見。

表 6.1　通道碼在通訊標準之應用

通道碼	迴旋碼	渦輪碼	低密度奇偶校驗碼
運用於通訊標準	GSM、EDGE 802.11a/b/g	UMTS、LTE	802.11n/ac DVBS2

如果傳輸速度較慢，可不使用通道編解碼保護傳輸資料，但當傳輸速度越快，通常接收錯誤率越高，故制定規格時將會採用更強力之通道編解碼，早期無線通訊如 GSM 與 IEEE 802.11a/b/g 採用迴旋碼編碼並使用維特比（Viterbi）演算法解碼。近年來新制定較高速通訊標準如 LTE 或是 IEEE 802.11ac 已採用渦輪碼以及低密度奇偶校驗碼作為通道編碼，此兩種碼解碼方式因需遞迴（Iterative）解碼，故需要更強力電路支援，如表 6.1。

調變（Modulation）

1. 無載波調變

通常有線通訊，不一定需要使用載波，會需要使用載波把頻率移到別處的情況，通常是有線通道還有其他裝置需要傳送道。例如乙太（Ethernet）網路使用 Cat5 以上的網路線，就不需要有載波的部分，可直接從數位部分輸出最後一級的數位類比轉換器（Digital to Analog Converter, DAC）之後轉線型編碼（Line Coding）如脈衝震幅調變（Pulse Amplitude Modulation, PAM）或 MLT-3（Multi-Level Transmit-3）送入網路線傳輸。

傳送端送出訊號之後，經過通道，通道效應就會讓原先傳送的訊號被汙染，接收端的工作就是去還原本來的訊號，接收端與通道效應是一體兩面，不論遇到怎樣的通道效應，都會在接收端把它補償回來。先進的通訊標準甚至會把原本接收端做的補償效應移至傳送端先做，稱之爲預先編碼（Pre-Coding）。

2. 載波（Carrier）調變

在數位通訊中，調變首先是把數位訊號對應相關的調變訊號，此稱爲數位調變，爾後再視通訊環境決定是否利用載波把調變的訊號送到射頻部分（Radio Frequency, RF），因爲無線通訊必須利用天線（Antenna）做傳送和接收，而天線最佳傳收的尺寸是波長的二分之一，因爲波長是頻率的倒數，爲了方便攜帶，天線不宜太長，故所有行動通訊裝置皆需要載波把基頻訊號載到射頻（RF）。

有線電信網路使用電話的銅雙絞線（Twist Pair），除沿襲傳統類比語音通道外，另使用載波之數位用戶迴路（Digital Subscriber Line, DSL）傳送高速資料，或是使用電力線傳輸數據資料之電力線通訊（Power Line Communication, PLC）此技術。

數位調變的種類

數位調變有許多變化，就像類比調變的 AM 及 FM 一樣。AM

是振幅調變（Amplitude Modulation）的縮寫，也就是利用載波顯示欲傳送訊號的振幅變化；而 FM（Frequency Modulation）則是振幅固定，利用載波的頻率變化顯示欲傳送的訊號。數位調變不外乎使用三種方式載入訊號——振幅、頻率以及相位，分別稱之爲類比移鍵（Amplitude Shift Keying, ASK）、相位移鍵（Phase Shift Keying, PSK）以及頻率移鍵（Frequency Shift Keying, FSK）[3]。

這三種之中又以相位移鍵效能最好，所以利用四種相位變化之正交相位移鍵（Quadrature PSK, QPSK）調變常被使用在很多通訊標準當中。除了基本三種變化，另外結合振幅差以及相位差的正交振幅調變 QAM（Quadrature Amplitude Modulation），都被採用在很多近代的通訊標準上，如果訊號調變的種類越多種，表示每個調變後的訊號可承載的原始資訊越多，則同頻寬底下可以傳送的速度越快，相對的因爲訊號間越密集，所能忍受的雜訊能力也越差。

在通訊當中，常用來表示效能單位的有兩種：訊號雜訊比（Signal to Nosie Ratio, SNR）與誤碼率（Bit Error Rate, or BER），分別簡介如下：

1. 訊號雜訊比

訊號雜訊比越高，表示訊號相對比雜訊要大，亦即雜訊導致原訊號產生錯誤的機率越低，此衡量的標準常被用來顯示通訊技術品質的好壞。

2. 誤碼率

訊號通過通道時，常會因爲收到衰減、雜訊甚至是多路徑衰降導致產生錯誤訊號，誤碼率的意思爲計算傳輸多少資訊量之後會產生錯誤的機率。

6.2 通訊協定堆疊

封包交換（Packet Switch）

無線網路（Wireless LAN, WLAN）源自電腦網路發展成傳送資料（Data）封包（Package）。傳送端透過公開之網際網路網路，經過相關路由（Routing）傳送封包到達接收端。無線網路使用 TCP/IP 作爲其通訊協定堆疊 [4]，細分如表 6.2。

表 6.2　通訊堆疊特色

通訊協定	負責硬體／軟體	特色與功能
應用層	CPU／應用程式	軟體應用（FTP/HTTP）
傳輸層	CPU／作業系統	傳輸控制協定，流程控制
網路層	CPU／作業系統	路由選擇
資料連結層	網路晶片／驅動程式	控制資料傳輸方式
實體層	網路晶片	無線通道、銅雙絞線

實體層（Physical Layer, L1）

實體層負責實際傳送訊號，包括傳送收發裝置以及傳輸的媒介。例如無線網路使用 802.11 標準，只要電波在空中即可當媒介（透過天線收發訊號）。而乙太網路，除了現在常見第五類（Category 5, Cat5）銅雙絞線外，過去也曾經使用同軸電纜，或是更高速 100 Gbps 的光纖等，實體層訊號處理效應詳見本章第一節。

資料連結層（Data Link Layer）

資料連結層掌握資料控制的流程，分爲邏輯連結控制（Logic Link Control, LLC）與媒體存取控制（Media Access Control, MAC）兩次層。有線的乙太網路交換器（Ethernet Switch）或是無線存取點（Access Pointer, AP）在本層負責跟終端裝置相互連結。

1. **邏輯連結控制**

LLC 負責傳輸資料協定，主要為建立虛擬邏輯（Logic）連結通道，獨立存取媒介收發封包。其工作包含作為傳送端發送封包及確認接收端回傳訊息，或者作為接收端收取封包並回傳確認至傳送端之相關流量與錯誤控制。IEEE 定義 802.2 規範作為 802 全系列網路之 LLC 共同標準。

2. **媒體存取控制**

MAC 定義了媒介控制傳輸方式，不同的區域網路分別有不同的 MAC。如 802.3 標準（乙太網路），802.4 之記號環（Token Ring）以及 802.11 的無線網路等。

網路層（Network Layer）

網路層則是負責網際網路協定（Internet Protocal, IP）處理。每個電腦裝置會被配置一個 IP 位址，IP 位址為此裝置在整個網際網路上面的地址，裝置之間相互傳送資料即靠此資訊辨別是否為接收裝置。轉送的裝置為路由器（Router），路由器將會根據封包的標頭（Header）以及路由表（Routing Table）傳送正確的路徑，並實施流量管控（Flow Control）。

傳輸層

在傳輸層有兩個重要的協定分別是 TCP（Transmission Control Protocal）與 UDP（User Datagram Protocal），TCP 是連結（Connection）導向而 UDP 是非連結（Connectionless）導向，根據應用的不同而採取相關的協定。TCP 是信賴（Reliable）協定，每次傳送皆需要確認（Acknowledge, ACK），當傳輸資料為不可出錯之應用時，常採用 TCP 協定；UDP 則相反，為了應用目的可以忍受少數錯誤，例如影像的通訊，在某些傳輸資料錯誤時，從終端畫面觀察通常看不出來封包中有錯誤資訊產生，即會使用 UDP。

應用層

應用層顧名思義就是決定使用者最終端的應用，例如傳輸資料之檔案傳輸協定（File Transfer Protocal, FTP）、收發電子郵件的簡單信件傳輸協定（Simple Mail Transfer Protocal, SMTP），甚至瀏覽網頁的超本文傳輸協定（Hypertext Transfer Protocal, HTTP）等皆屬於此層。

電路交換（Circuit Switch）

電信網路起源於語音交換。語音傳輸具有低延遲（Low Latency）性以及獨占性（Exclusive）特質，與上述傳統電腦網路傳送數據資料（封包交換）並不一致，但隨著電信網路進入傳送數據資料時代，LTE 更被設計爲全 IP 網路，雙方通訊協定堆疊越趨一致，如圖 6.1 顯示在個人行動裝置通訊模組（Communication Module）中，對於電信網路與無線網路對應堆疊。

電信網路與電腦網路協定堆疊（Protocal Stack）

圖 6.1 顯示了現行電信網路中手機與電信設備相關堆疊。第一層（Layer 1, L1）爲實體層與第二層（Layer 2, L2）次層 MAC 定義了手機與基地台控制信令與傳送資料信令。射頻連結控制（Radio Link Control, RLC）類似 802.2 LLC 定義了傳輸模式，重組（Reassembly）與重傳（Retransmission）等流量與錯誤控制方式。封包資料聚合協定（Packet Data Convergence Protocal, PDCP）規範了傳送 IP 封包 [5]。

無線區域網路與電信網路競合

隨著電信網路進入 LTE 全 IP 化（定義 Voice IP 取代傳統電路交換特性），與傳統無線區域網路（IEEE 802.11）差距越來越小，兩者競爭將越趨激烈。

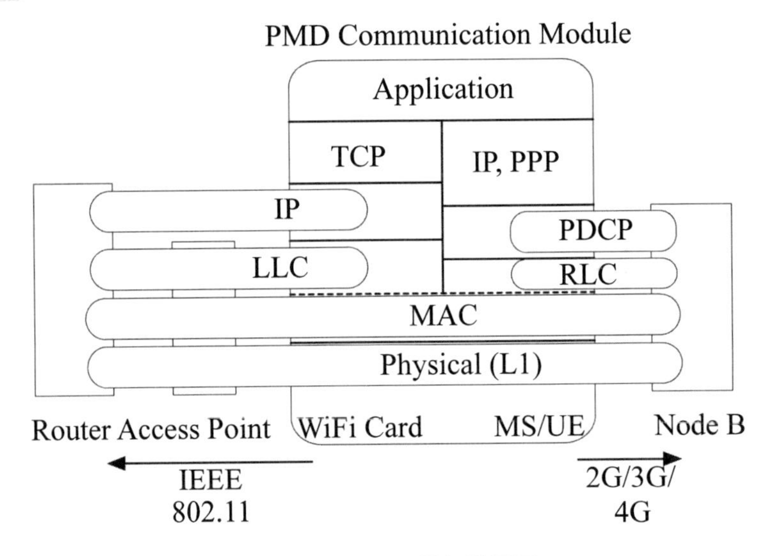

圖6.1　行動通訊模組堆疊圖

通訊協定標準——IEEE 802.15.6 為例

第三章第三節談論到資通訊應用於醫學，隨著個人行動與穿戴式裝置風行，增設健康照護成了未來亮點，爲解決人體區域網路（Body Area Network, BAN）產業化應用，許多業界大廠紛紛提案，並歷時多年後於 2012 年共同制定了 IEEE 802.15.6 作爲人體區域網路標準。

IEEE 802.15.6 實體層與媒體存取層

與同屬 IEEE 802 系列其他實體層（天線、光纖或同軸電纜）不同的是，因人體通道響應具有電容（Capacity）特性，故採用電極片作爲傳輸媒介，利用靜電耦合（Electrostatic Coupling）方式傳輸，傳送端以數位電壓訊號傳送至電極片，在人體轉化爲電場（Field）傳導至接收端電極片感應後，再轉換回電壓訊號。其媒體存取層（MAC）則與 WiFi 相同使用載波感測（CSMA）。

IEEE 802.15.6 傳送訊框（Frame）堆疊流程

圖 6.1 也說明實體訊框流程。每個實際傳送之訊框被稱為實體層協定資料單元（Physical-layer Protocal Data Unit, PPDU）。以傳送端由MAC層資料加入標頭（Header）與訊框檢查序號（Frame Check Sequence, FCS）送至實體層，最後加入實體層前置訊號（Preamle）與實體層標頭（Physical Header）後組成。接收端則反向解回相關分層資料 [6]。

6.3 電信網路

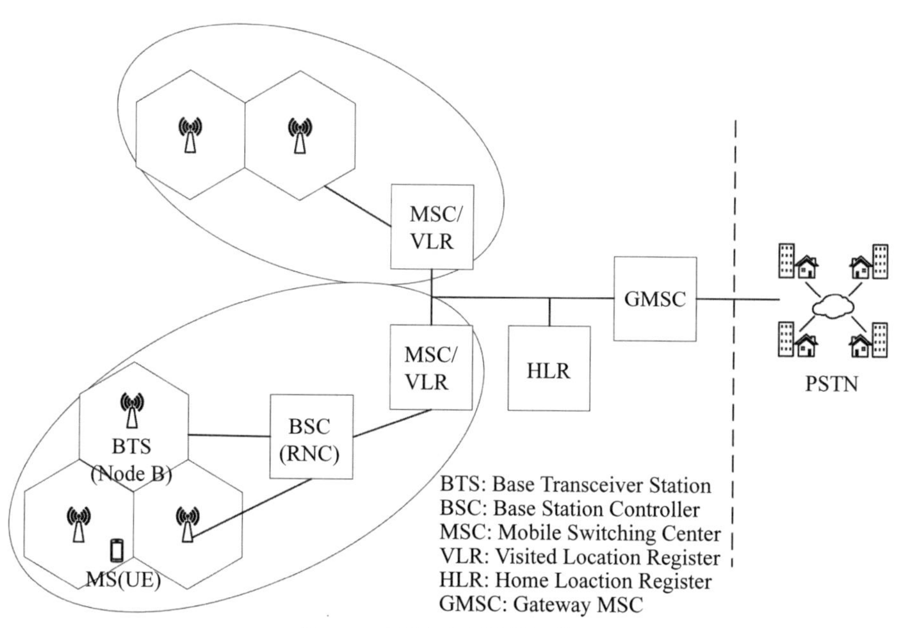

圖6.2　行動電信網路架構圖

蜂巢式（Cellular）分布

圖 6.2 顯示了發展環球行動電信系統（Universal Mobile Telecommunications System, UMTS）/ 全球移動通訊系統（Global System for Mobile Communication, GSM）行動電信架構圖，

其中六角形爲蜂巢式（Cellular, Cell）基地台分布。一般使用者手機在 UMTS 規格中被定義爲使用者設備（User Equipment, UE），在 GSM 中則定義爲行動台（Mobile Station, MS）。使用者設備直接與 Node B 做無線傳輸，Node B 爲 GSM 基地台（Base Transceiver Station, BTS ）在 UMTS 之定義名稱。數個基地台，或數個蜂巢區域（Cellular Zone）是會共同連結至基地台控制站（Base Station Controller, BSC），如同有線電信網路需有交換局 / 交換設備。

行動通訊網路同時配有行動交換中心（Mobile Switch Center, MSC），每個 MSC 管理數個 BSC ，電信服務業者最後透過閘道（Gateway）基地台控制站與其他電信服務同業或是與公眾交換電話網路（Public Switched Telephone Network, PSTN）連結，構成整體電信網路。

移交（Handover）

手機最大特點爲可隨時移動位置，故使用者設備常會移動至不同基地台負責蜂巢區域，原先連結之基地台就需要因應新位置改連結至新的基地台，不同基地台間轉換連結被稱爲移交（Handover）。移交根據通訊技術不同可分爲兩種：硬移交（Hard Handover）與軟移交（Soft Handover）[7]：

1. 硬移交

硬移交爲 GSM 等透過不同頻率區隔蜂巢區域之系統採用方式，當 MS 發現原先連結之 BTS 訊號強度已不如其他 BTS 發出之廣播訊號強度時，通常意味著 MS 的距離比此訊號強度較強之新 BTS 距離更近，MS 會開始啓動移交程序，進行與新 BTS 連結後，切斷與舊 BTS 之連結。

2. 軟移交

軟移交爲 CDMA 系統使用移交之方式，由於 CDMA 採取編碼方式作為蜂巢區域區分手段，UE 在面對移動至新 BTS 區域時，有能力同時建立起新舊 Node B 之間連結（不同字碼），此方式稱為軟移交。

位置更新（Location update）

當手機移動至新蜂巢區域，完成移交程序之後，由於負責連結之 BTS 已經更換，手機需要具有位置更新功能。當移動位置超過原 MSC 負責區域時，為確保來話時能夠交換至正確之 MSC/BSC/BTS，行動網路需要資訊去記錄手機目前位置，此資訊被稱為總位置登記（Home Location Register, HLR），此記錄目前手機所在 MSC 通常會與來訪位置登記（Visited Location Register, VLR）共存，以記錄手機目前 BSC 與 BTS 位置。如手機移動跨越不同 MSC/VLR 負責區域時，手機透過新的 VLR 更換 HLR 資訊，HLR 接收資訊回手機確認後，再通知舊 VLR 刪除原手機位置資訊 [8]。

同步（Synchronization, or Sync）

所有通訊系統均須面對同步問題，共有兩種同步類型需要被處理，也就是頻率同步（Frequency Sync）以及時間（Time Sync）[9]：

頻率同步

頻率同步主要是更正載波頻率飄移（Carrier Frequency Offset, CFO）所造成之誤差。例如在 GSM 系統中，MS 移動至不同蜂巢區域，需要改變不同載波頻率，故在 GSM 系統中，BTS 會廣播（Broadcast）頻率更正通道（Frequency Correction Channel, FCCH）給所有 MS，藉以修正至正確之頻率。

時間同步

時間同步又被稱為訊框同步（Frame Sync）或取樣時刻飄移（Sampling Clock Offset, STO），由於通訊傳輸單位通常以訊框或是封包（Package）爲基本單位，手機接收端找出開始取樣之正確時間點，此爲時間同步。在 GSM 當中，BTS 會廣播同步通道（Synchronization Channel, SCH），藉由 TDMA 模除（Modulo）特性，計算（Count）產生最高相關結果，得到同步效應。而在 WCDMA 時也是透過 SCH，使用延遲鎖相迴路（Delay Locked Loop, DLL）達到追蹤（Tracking）功能。

6.4 基頻單元實作

由於 LTE 具有許多頻段，主要分爲分時（Time Division）與分頻（Frequency Division）LTE 兩種標準，透過數位訊號處理器（Digital Signal Processor, DSP）處理 L1 訊號，以及透過 CPU 運算 MAC/RLC/PDCP 協定堆疊，構成目前商業基頻電路主要架構，詳如圖 6.3 所示。將傳送端（Transmitter, TX）與接收端（Receiver, RX）流程分述如下：

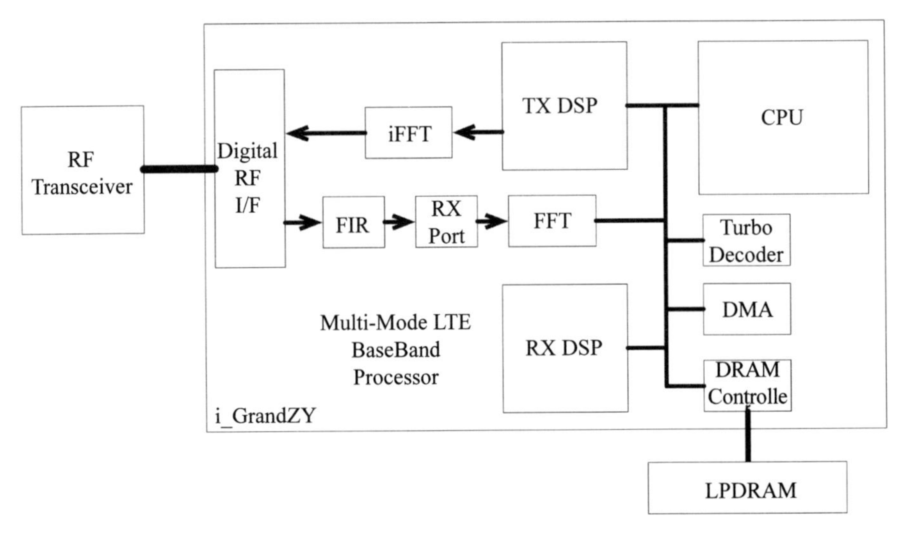

圖6.3　多模LTE基頻處理器

TX：負責通道編碼（Channel Encode）、符元映射（Symbol Mapping）及插入循環前置碼（Cyclic Prefix, CP）。

RX：負責通道估測（Channel Estimation）與等化（Equalization）、計算及補償前端電子效應（Front End Electronic Effects），其包含第三節說明之同步（載波頻率飄移與取樣時刻飄移）。

通道估測

由於行動裝置位置隨時改變，無線數位通訊常需要隨時估測（Estimation）通道特性，通常估測方法有訊標（Pilot）與前置訊號（Preamble）兩種，藉由傳送事先已知之訊號，接收後用以判斷通道所造成之效應。

等化

補償（Compensation）對通道造成傳輸訊號之影響，稱之爲等化。OFDM 取代 CDMA 作爲實體傳輸技術很重要因素之一，由於 OFDM 高速訊號之補償成本遠低於 CDMA。在 OFDM 中，傳送資料分散至每個子載波（Subcarrier）後，信號頻寬相對於通道同調頻寬，將從原先頻率選擇衰降（Frequency Selective Foding）改爲平衰降（Flat Foding）。大大減化了 OFDM 所需使用之補償技術，OFDM 也具有可透過插入循環前置碼方式，減少 ISI 與 Inter Chip Interference（ICI）[10]。

快速傅立葉轉換（Fast Fourier Transform, FFT）

OFDM 之所以被採用爲現代通訊實體傳輸，除了容易高速傳輸之外，從數位轉爲 OFDM 訊號可以透過 FFT 產生也是原因之一，FFT 具有規律特質，適合做爲電路實作單元，在 TX 時，訊號透過反（inverse）FFT 轉換傳到 RX 時，會使用 FFT 轉換回原數位訊號。

DSP 基礎（DSP Based）架構與專屬電路設計

圖 6.3 顯示了 FFT 與通道解碼單元（Turbo Decoder）爲獨立專屬硬體單元，並非與其他處理接收效應方式一起由 DSP 處理，主因爲此兩單元所需運算量相當大，OFDM 訊號轉換之 FFT 與需要重複遞迴解碼（Iterative Decoding）之渦輪解碼計算量占 OFDM 接收機總計算量相當比重，隨著傳輸速度提升，例如在 802.11ac 相同在 OFDM 接收機中，不考慮 MIMO 狀況下，802.11ac 速度可達 867 Mbps，但 LTE（3GPP R8）最高達 75 Mbps，兩者差了 10 倍速度。802.11ac 或是 802.11n 等基頻電路目前幾乎全使用專屬電路（Hardwired）[11]，較少採用 DSP Based 作爲設計基礎。

定點位元數（Bits True）制定為開發通訊基頻電路最大特色

通訊電路與第五章 CPU、第七章影像播放等邏輯（Logic）電路設計最大不同者爲制定定點位元數，由於傳統通訊演算法開發時，都以浮點（Floating）數爲計算，模擬提出之演算法或是架構是否足以達成所需效能。故在模擬確定可行通訊演算法後，才會進入與其他邏輯電路開發過程。邏輯電路設計不可能使用如電腦模擬時之超大浮點位元數設計，尤其基頻通訊前端通常爲混合訊號（Mixed Signal）類比電路及類比數位轉換器（Analog to Digital Converter, ADC），高速、高位元之 ADC 成本通常不斐，故實作電路前，需先確定設計內之相關位元數。

最小成本滿足效能目標

決定通訊位元數可透過演算法納入定點功能模擬，透過從少數位元逐漸增加位元數之運算，當增加之位元數已滿足效能要求（通常已進入效能飽和區），爲確保使用最少成本（數位設計電路與混和性類比元件）此時即可使用此定點數資訊進入電路實體開發階段 [12]。

通訊電路開發後端驗證過程繁複

通訊電路與其他類別電路最大差別爲通訊裝置需處理互相之間連結，除了典型在開發設計時之驗證外，製造後 IC 也需透過與其他廠牌產品，甚至是實際已運行之商業產品進行相容性測試（Field Try）。由於通訊規格留有一定設計空間給予開發者，實務上常會出現雙方產品皆符合通訊規格，雙方卻無法連結的情況。

通訊產品不待正式標準化即搶占先機

通訊標準完全確認通常需較長時間，通訊廠商（尤其以 IEEE 802 系列爲最）爲了搶占市場先機，常在標準未底定前根據標準草稿（Draft）推出商品，此狀況亦會增加符合規格之產品互相不相容的機率，此爲通訊產品與其他資訊種類產品最大分別。

量產出貨需當地官方證明

行動裝置驗證可分爲強制必驗項目（Mandatory Scope）及選驗項目（Voluntary Scope）。強制必驗項目爲政府進口規定，如果不符合即無法進入海關，例如出口至美國、南美市場需通過聯邦通訊委員會（Federal Communication Commission, FCC）認證，如要出貨至歐洲市場則需通過歐洲合格認證（Communate Europpene, CE）。

選驗項目通常亦需通過

雖然選驗項目並非官方出貨必須過程，但由於電信系統商與終端品牌商譽價值極爲龐大，產生更多通訊設備間相容性、互通性需求。如果通訊晶片廠商或通訊終端產品不做共通性測試（Conformance），幾乎無法通過歐美客戶要求，目前共通性測試認證單位爲歐洲的全球認證論壇（Global Certification Forum, GCF）或美國 PTCRB。

通訊多模驗證繁複

由於近年來個人行動裝置配備通訊標準日益增加，除此之外，每個標準支援頻段與功能更是繁複。只以支援 LTE 爲例，全球各國支援 LTE（含 TD）頻段超過 30 個頻段，如果再包含其他模式 GSM/GPRS/EDGE/WCDMA/TD-SCDMA 與其他通訊標準（WiFi 與藍芽）等多模多頻模式後，將會拉長驗證時間，未來更多無線通訊標準內建後，出貨時效將更爲惡化，縮短通訊設備驗證時間，亦爲未來挑戰之一。

6.5 結論

無線通訊環境效應影響通訊傳輸速度

傳輸速度的快慢取決於對通道效應掌握，關鍵因素包含雜訊、多路徑衰降、同調時間與同步等效應，本節討論與傳輸速度絕對相關之實體層運作方式，藉以了解通訊過程。

通訊協定分層標準化

通訊協定分層之優點爲容易分析建構，同時也容易標準化，不同分層可同步工作，本書主題之數位 IC 主要實作於實體層與媒體存取兩層，其他層運作方式通常以微處理器搭配軟體運作。

行動網路設備透過蜂巢式佈建

透過蜂巢式佈建通訊環境，無線傳輸得以實現，使用者直接連結基地台，相關傳輸資料再透過電信業者其他設備，得以作爲移交（Hand Over）、漫遊（Roaming）與其他電信系統甚至公眾交換電話網路連結，達成全球通訊無縫接軌。

多頻多模為未來趨勢

第四節討論了多頻多模設計，開發通訊基頻電路過程，除先以演算法決定效能外，更需先以定點數模擬決定位元數，再著手開發實體電路，IC 設計完成後，後續共通性、相容性測試更是非常複雜，此將成爲未來通訊工程師共同努力方向。

參考文獻

[1] Sergio Verdu, Multiuser Detection, Cambridge University Press, 1998.

[2] Shu Lin, Daniel J. Costello, Error Control Coding, 2/E, Prentice Hall, 2004.

[3] John Proakis, Digital Communications, 4/E, McGraw-Hill, 2000.

[4] Fred Halsall, Data Communications, Computer Networks and Open Systems, 4/E, Addison Wesley, 1996.

[5] LTE, The UMTS Long Term Evolution, From Theory to Practice, edited by Stefania Sesia, Issam Toufik, Matthew Baker, 2/E, Wiley, 2011.

[6] Kyung Sup Kwak, Ullah,S.,Ullah,N. An Overview of IEEE 802.15.6 Standard, 2013 3rd International Symposium on Applied Sciences in Biomedical and Communication Technologies.

[7] Theodore S. Rappaport, Wireless Communications, Principles and Practice, Prentice Hall, 1996.

[8] Jorg Eberspacher, Hans-Jorg Vogel, Christian Bettstetter, Christian Hartmann, GSM – Architecture, Protocals and Services, 3/E, John Wiley & Sons, 2009.

[9] Heinrich Myer, Marc Moeneclaey, Stefan A. Fechtel, Digital Communication Receivers, Synchronization, Channel Estimation, and Signal Processing, Wiley, 1998.

[10]Juha Heiskala, John Terry, OFDM Wireless LANs：A Theoretical and Practical Guide, Sams Publishing, 2001.

[11]Tzi-Dar Chiueh, Pei-Yun Tsai, I-Wei Lai, Baseband Receiver Design for Wireless MIMO-OFDM Communications, 2/E, IEEE Press, 2012.

[12]Tzi-Dar Chiueh, Pei-Yun Tsai, OFDM Baseband Receiver Design for Wireless Communications, Wiley, 2007.

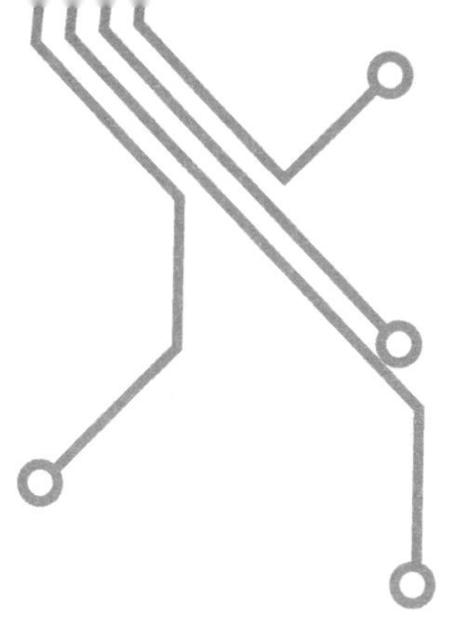

第 7 章

影像處理理論與實作

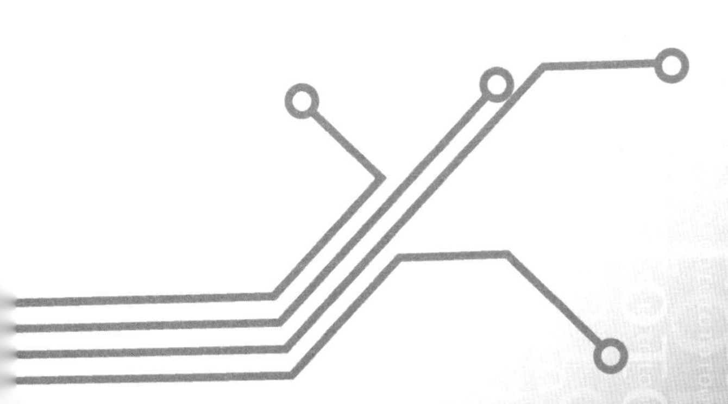

影像處理理論與實作

7.1 影像基礎理論

隨著人類對影像追求的慾望沒有停止，更清晰之影像成為個人行動裝置近年來發展的動力。表 7.1 為近年 iPhone 系列解析度相關參數

表 7.1　2014 年前 iPhone 系列解析度相關參數

型號	iPhone(3GS)	iPhone4(S)	iPhone5(S)	iPhone6 Plus
螢幕尺寸	3.5 吋；長寬比（3：2）		4 吋；（16：9）	5.5 吋；（16：9）
解析度	480×320	960×640	1136×640	1920×1080
PPI	163	326		401

解析度

顯示晶片透過螢幕顯示之影像基本單元為像素（Pixel），解析度（Revolution）定義為影像畫面長與寬各有多少像素組成。例如一個 Full HD（High Definition）影片，每個畫面即為 1920 像素（長）×1080 像素（寬）所組成。而 4K2K 為 3840 像素（長）×2160 像素（寬）所組成。

每英吋內像素數目（Pixels Per Inch, PPI）

在像素實體大小相同下，越高解析度影像，將會產生更大張圖像；或者在相同面積下，如可使用更高解析度呈現，也就是在相同面積下塞進更多像素，畫質表現將更加銳利，所謂 PPI 即為在每英吋內所可呈現的像素數目。

配備螢幕之資通訊產品解析度越來越高

由表 7.1 表示 iPhone 顯示螢幕的發展可知，由 iPhone 進步至 iPhone 4（S）時，解析度由原本的 480×320 提升至 960×640。由於螢幕實體大小皆不變（皆為 3.5 吋），在相同螢幕大小下可使用更多像素呈現畫質，故 PPI 可達到 326。Apple 公司稱此高 PPI 螢幕為接近人類視網膜所可辨認之高解析度螢幕，又稱其為視網膜螢幕（Retina Display）。

在相同解析度下，2012 年時由於配備大尺寸螢幕手機熱賣，Apple 公司推出較大尺寸螢幕之 iPhone5，螢幕尺寸由 3.5 吋增加至 4 吋，又為了維持此視網膜螢幕之高清晰度，故解析度需同步提升至 1136×640。2014 年 Apple 公司再度推出更大尺寸之 iPhone6 Plus ，螢幕已提高至 5.5 吋，解析度同時升至 Full HD。不只手機，包含平板電腦，甚至傳統資通訊產品如電腦監視器與電視等，近年解析度均往上提升。

顯示螢幕與圖形處理晶片互相連結

螢幕顯示內容均由資通訊產品內部顯示晶片所提供，顯示晶片又稱為圖形處理晶片（Graphic Processing Unit, GPU）。GPU 透過顯示介面連結 LCD 螢幕，例如 iPad 內顯示晶片透過嵌入式顯示介面（Embedded DisplayPort, EDP），將像素送至驅動（Driver）IC，最後顯示於螢幕。

圖形處理晶片主要單位

目前 GPU 主要由三大運算區塊構成：

1. 傳統二維圖形繪圖單元（負責視窗處理介面運算，詳見第二節）。
2. 三維（立體）圖形繪圖單元（詳見第二節）。
3. 影像（Video）編解碼單元（詳見第三、四節）。

位元深度（Bit Depth）

每個影像的基本單位為像素，像素組成主要為三原色（RGB）：紅色（Red）、綠色（Green）與藍色（Blue）。所謂位元深度代表用多少位元數目呈現單一原色表現，例如使用 8 位元表示紅色，可呈現 256 種紅色變化，故越多位元深度可呈現越多色彩表現細節，10 位元可呈現 1024 種顏色變化，色彩越接近眞實所需代價為增加影片大小。常見之電影光碟均為 8 位元錄製（DVD 或藍光光碟），但隨著人們對影像品質要求與半導體技術的進步，10 位元深度以上之電影將會慢慢普及。

色彩空間（Color Space）

由於有三原色之故，呈現每個像素需要三倍空間，由於人類視覺（Human Visual）對於亮度（Brightness, 也稱為 luminance, or Luma）較彩度（Chrominance, Chroma）敏感，為了縮短影片大小與節省儲存空間，RGB 會改以 YC_bC_r 呈現。轉換公式如下：

$$Y = k_rR + K_gG + K_bB$$

$$C_b = B - Y$$

$$C_r = R - Y$$

其中 k_r、K_g、K_b 為權重參數（Weighting Factors）

YC_bC_r 取樣（Sampling）格式

RGB 經轉換為 YC_bC_r 後，產生之壓縮影片可決定彩度（C_bC_r）取樣格式，決定影片容量大小與畫質之間的取捨。取樣格式相當多種，較常見的格式為 4：2：0，此種格式為每 4 個 Luma ，只呈現 1 個 C_b 與 1 個 C_r。而如果是轉換品質最好（完整呈現原先 RGB）之 4：4：4 格式則為每個 Luma ，皆有相對應之 C_b 與 C_r（詳細樣點位置如圖 7.1 所示），其他格式包括 4：2：2 等等。常見之電影光碟均採用 4：2：0 取樣格式錄製（DVD 或藍光光碟）。

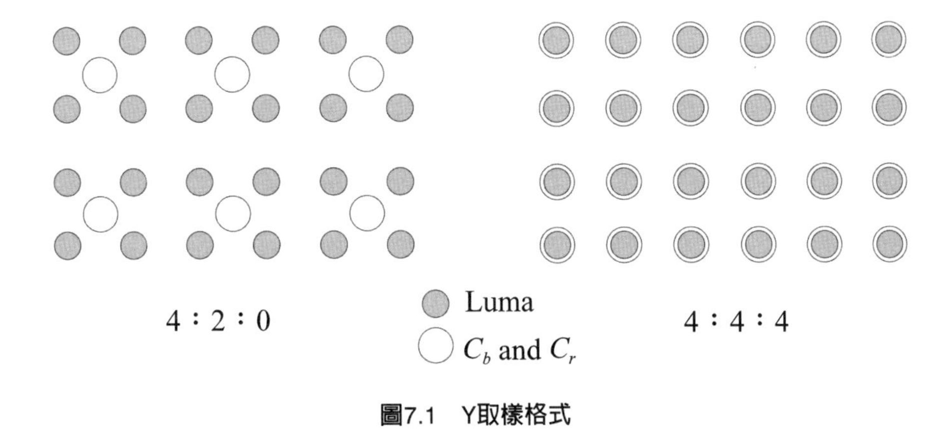

圖7.1　Y取樣格式

幀（Frame）與場（Field）

利用人們眼睛的視覺暫留效應，只要每秒快速連動 30 幀以上，人眼即認爲此爲連續動作，此即動畫製作原理，除了完整的幀之外，傳統交錯式（Interlace）電視會將一張幀之奇數列與偶數列分開成上下兩個場（Fields）[1]，相容傳統電視撥放的設備。

7.2 圖形處理理論

圖形處理單元歷史

如同 CPU 發展過程，個人行動裝置之圖形處理單元（Graphic Processing Unit, GPU）技術也從個人電腦移植。回顧個人電腦 GPU 發展，2000 年前 GPU 被稱影像圖形陣列（Video Graphics Array, VGA），只負責將電腦內處理影像資料傳送至螢幕。

影像處理需求日增，運算能力同步提昇

1996 年起，由於三維（3 Dimension, 3D）圖形處理需要

（3D 電腦遊戲大爲風行），2000 年起 VGA 開始提升平行處理能力支援 3D 運算，甚至進一步將其處理單元進行可程式化（Programmable），不受限於只能處理圖形，故更名爲圖形處理單元。

GPU 發展過程

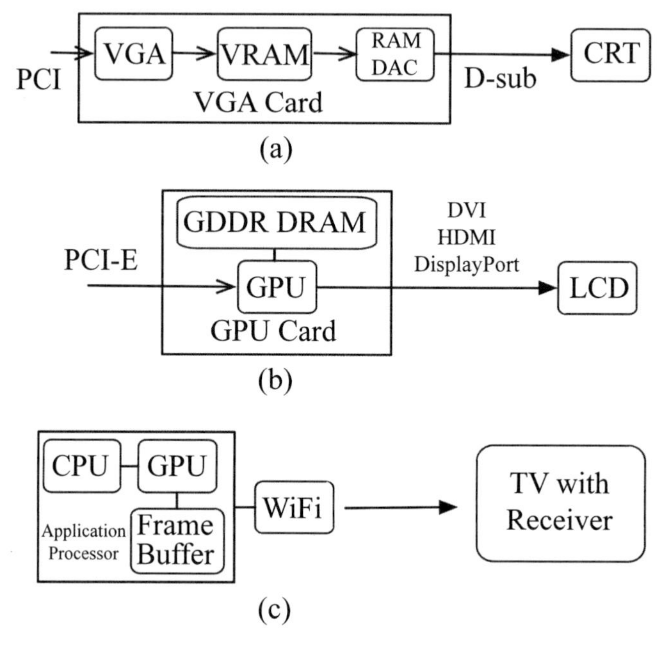

圖7.2　GPU發展連結圖

圖 7.2(a) 爲 2000 年前之 VGA。由於 2000 年前個人電腦螢幕爲陰極射線管（CRT）組成，其輸入端爲類比（Analog）電路，故 VGA 使用最後一級隨機存取記憶體數位類比轉換器（Random Access Memory Digital to Analog Converter, RAMDAC）將數位影像資料轉換成類比訊號，透過 D-sub 傳送至 CRT 螢幕。LCD 螢幕發展後，由於其輸入端爲數位訊號，GPU 可以直接透過數位視覺介面（Digital Visual Interface, DVI）、高解析度多媒體介面（High Definition Multimedia Interface, HDMI）、DisplayPort

（DP）連結至 LCD 螢幕，見圖 7.2(b)。

圖 7.2(c) 為無線傳送影音技術之個人行動裝置。隨著高畫質影音普及，對於個人行動裝置而言，在小尺寸的螢幕觀看並不容易與其他人分享，故透過無線方式傳送高畫質影音至大型螢幕裝置（如電視）將成為未來發展趨勢，WigGig（IEEE 802.11ad）60 GHz 技術與早期 Intel 所提出之 WiDi 皆可解決此需要，此顯示方式被稱為投射（Mirror）技術。

軟體計算與硬體加速

資通訊產品之發展處處可見專屬硬體化（Hardwired）潮流。其起始於增加效能，除了電路執行本身遠較軟體運算為快之外，還可減少 CPU 之運算負擔，茲以 GPU 增加 3D 運算與影像解碼單元電路為例。

圖形加速電路發展

2D 圖形加速

1980 年前 VGA 卡只需顯示黑白文字，對移動圖形（如正方形、圓形等）處理能力有限，1973 年全錄（Xerox）推出第一個圖形使用者介面（Graphical User Interface, GUI）電腦，開創個人電腦進入圖形處理年代，可謂劃時代革命。隨後 Apple 公司麗莎（Lisa）電腦 [2] 與微軟公司（視窗作業系統）也分別推出 GUI 介面。由於其透過滑鼠操作圖形視窗取代命令列介面（Command Line Interface），VGA 開始增加圖形加速（Accelerator）硬體功能，彌補 CPU 能力不足。

遊戲加速 3D 圖形應用

由於 2D 影像逐漸無法滿足人類娛樂需要，除了 1994 年 SONY 推出具有 3D 遊戲處理能力之 PlayStation（PS）外，1997 年起，個人電腦 3D 遊戲也逐漸興起。但當時 CPU 與 VGA 運算能力無法單獨執行立體圖形之遊戲，電腦內需要額外增加 3D 加速介面卡，當時 3dfx 公司推出之巫毒（Voodoo）3D 晶片幾乎主導所有個人電腦市場，直到 2000 年才被輝達（NVIDIA）所收購，3D 加速功能也整合進 GPU 內。

影像撥放硬體解碼與軟體解碼

同樣早期由於受限於半導體製程，CPU 與 VGA 運算能力有限，在 1993 年時，PC 撥放影音光碟（Video Compact Disk, VCD）所使用的 MPEG-1 解壓縮影片，只能透過專屬 MPEG-1 硬體解壓縮晶片完成。1997 年 Intel 發表代號 P55C 之 Pentium 時，首先將具有 SIMD 技術（第五章第二節）之多媒體延伸（Multi Media eXtension, MMX）指令內建至 CPU，開啓了無須透過專屬硬體解碼而以軟體解壓縮之可能。

除 CPU 可內建 MMX 外，GPU 也同時開始內建硬體編解碼電路，例如 DCT（詳見第三節）電路。由於影像來源內容（Source Content）進步遠遠不及半導體製程與設計發展快速，以 DVD（使用 MPEG-2）需約 7 年來取代 VCD（MPEG-1）為例，壓縮率雖然進步了約 80%，但個人電腦內 IC（CPU 和 GPU）平均進步超過 2 倍以上，軟體解碼能力逐漸追上解壓縮複雜度。

3D 圖形繪製標準

相較於個人電腦較常使用微軟公司發展之直接 3D 標準（Direct 3D, D3D），在個人行動裝置中則以開放式圖形庫（Open Graphics Library, OpenGL）較為常見，兩者均定義了繪製 3D 圖形之標準但彼此差異不大。以軟體方式繪製 3D 圖形亦可行，只是實務上不透過硬體加速功能幫助，無法流暢顯示。

3D 繪製管線

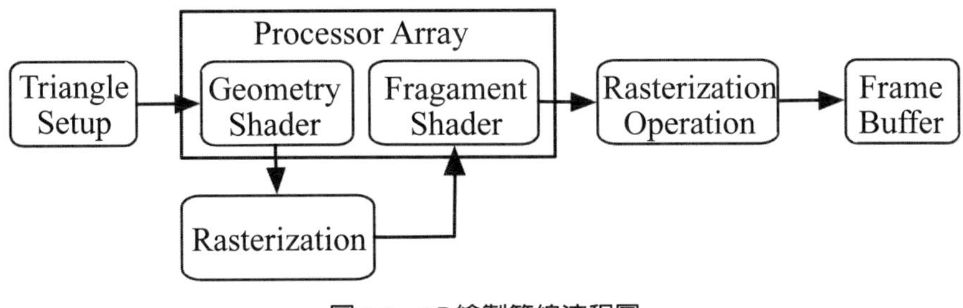

圖7.3　3D繪製管線流程圖

圖 7.3 說明 3D 繪製管線（Rendering Pipeline）流程圖，主要分爲頂點著色（Vertex Shade）、光柵過程化（Rasterization）、片段著色（Fragment Shade）與光柵操作（Raster Operation）四個主要階段 [3]。

頂點著色

三角形（Triangles）由於擁有可組成所有多邊形（Polygon）特性，故常做爲 3D 圖形基本構成單位。透過輸入每個頂點（Vertex）、相關屬性（Attribute）包含座標（Coordinate）、顏色（Color）等處理後組成每個單一幾何圖形（Geometry）。

上述過程主要包含轉換（Transformer），例如由物件（Object）座標轉換爲 3D 場景（Scene）座標再轉換成視點座標（View Point），由此可知 3D 圖形主要目的爲將立體裝置投射入 2D 螢幕可描繪（Rendering）過程，此過程主要內容爲矩陣運算。

光柵過程化

決定幾何圖形後，透過細分其單位，以掃描線（Scan Line）方式判斷產生 3D 基本像素位置。

片段著色

決定 3D 基本像素位置後，最後產生其顏色階段稱爲片段著色。其包含紋理（Texture）運算、混色（Blending）與濾波（Filtering）功能

光柵操作

產生 3D 基本像素後，最後將每個像素寫入準備送出至螢幕顯示的 Frame Buffer（區框緩衝區），包含 Alpha 測試等。

GPU 特色平行化處理

由 3D 繪圖管線可知，許多階段具有獨立處理性質（亦即沒有相依性）如片段著色 [4]，故非常適合平行處理。相較於 CPU 平行處理成長率減緩趨近飽和，GPU 基礎運算核心數目幾乎可隨著半導體技術同步成長。表 7.2 顯示了 2014 年最先進 CPU 與 GPU 平行處理單元比較。

表 7.2　2014 年最先進 CPU 與 GPU 平行處理單元比較表

	Product	Transistors, Unit: Million	Core
CPU	Intel i7 5960X Extreme	2600（22 nm）	8（*32）
GPU	NVIDIA GTX980（GM204）	5200（28 nm）	2048

*Intel i7 架構每核心開啓多執行序功能後，理論上可同時執行 4 個指令

CPU 與 GPU 異質計算

第二章第四節所提到的異質（Heterogeneous）運算也被應用於 CPU 與 GPU 架構中，其特色是兩者均爲高速運算裝置並且極耗記憶體資源，透過整合或是封裝一起共同運算，可共享快取（Cache）資源。

兩者差異爲 CPU 架構可處理資料相依、跳躍執行、資源衝突等三大風險如第五章第四節之說明，故適合執行通用應用程式，而 GPU 架構則非常適合用於平行處理，可處理大量規律應用程式，透過兩者共同運算，根據執行之應用程式特性不同，可創造出較高效能。

7.3 影像解壓縮理論

訊源編碼（Source Coding）

在第三章說明由夏農（Shannon）提出的通訊數學理論（A mathematical theory of Communication）中，除了通道編碼（Channel Coding）之外，另外證明了訊源編碼（Source Coding）之編碼壓縮極限 [5]。

如欲傳輸資料，事件 A 發生機率為 P(A)，則 A 事件之資訊量 i(A) 為

$$i(A) = \log \frac{1}{P(A)} = -\log_x P(A)$$

$$x = 2 \text{ (bits)}$$

由上式可知：

1. A 事件發生機率越大，則 i(A) 越小。
2. A 事件發生機率越小，則 i(A) 越大。

熵（Entropy）

傳輸資料之平均資訊量為熵，其定義如下：

$$H = \Sigma P(A_i)i(A_i) = -\Sigma P(A_i)\log P(A_i)$$

上式（單位為位元數）亦為能壓縮資料之極限

熵編解碼（Entropy Coding, Parser Coding）

由上式得知，可達到理論極限最佳化與機率正確性成正比，根據傳送信號之不同機率給予不同長度字碼（Codeword），也就是所謂的 Variable Length Coding。越常出現之事件使用較短字碼，反之使用較長字碼。由於相鄰區塊空間具高度相關性，故近

年來較先進之編碼設計也進一步利用空間中之相關性（Content Based），做了編碼優化，提高壓縮效能，例如 H.264 使用內容性可調長度編碼（Content Based Adaptive Variable Length Coding, CAVLC）。

算數碼（Arithmetic Coding）

算數碼爲動態調整機率模式（Dynamic Adaption of the Probability Model）編碼，字碼可根據 H.264 主要模式（Main Profile）與 H.265 都採用此內容性可調長度編碼（Content Based Adaptive Binary Arithmetic Coding, CABAC），根據內容性調整編碼機率模式以求達到減少更多的字碼。一般而言，算數碼較 VLC 複雜，但可提高壓縮效能，以 H.264 爲例，CABAC 較使用 CAVLC 增加 10% 壓縮效果。

離散餘弦轉換（Discrete Cosine Transform, DCT）

DCT 爲傅立葉（Fourier Transform）轉換的一種特殊變形，方便在圖形中進行二維轉換。如同通訊利用傅立葉轉換將傳輸訊號由時間領域（Time Domain）至頻域（Frequency Domain）之一維轉換，是爲了分析頻譜特性以求進一步處理，利用人眼對於低頻影像較爲敏感，在轉換爲頻域後，藉此消除高頻部份，DCT 可有效消除大量重複資料。

殘餘值（Residual）

壓縮是在保留可還原資訊下減少原始檔案，解壓縮端使用預測（Prediction）方式還原資訊，可減少壓縮端需保留之資訊內容，當預測結果與眞實內容有差異時，此差異被稱爲殘餘值。通常此殘餘值使用 Parser 編碼 [6]。

表 7.3　常用影像壓縮格式

編碼格式	MPEG-1	MPEG-2	H.264	H.265
典型解析度	320×240	720×480	1920×1080	4K2K
編碼方式	VLC	VLC	CAVLC, CABAC	Parallel CABAC
儲存媒介	VCD	DVD	Blue-Ray	

表 7.3 顯示了目前常見之影像（解）壓縮檔，數位多媒體發展以來，更高解析度畫質一直是科技發展目標，高解析度畫面意味著影像檔案的容量等比成長，例如同樣長度的電影，在考慮取樣格式（4：2：0）與 8 位元深度（此為 Blue-ray 與 DVD 標準）相同下，4K2K 電影將比 Full HD（1080p）檔案大小多出 4 倍，無論在儲存媒體或者即時撥放（無線傳輸）也都需要加強 4 倍，故發展更強悍壓縮方式（如 H.265），節省儲存容量大小與傳輸速度（一般而言，在相同參數下，H.265 比 H.264 壓縮率高 50%），才可眞正實現人們對高畫質影音的無止盡渴望。

影像與通訊設計特性之差異與取捨

影像與通訊設計特性之差異

第六章通訊設計說明，在通訊系統中，接收端（Rx）設計遠較傳送端（Tx）複雜，且通訊標準只規定傳送端之傳送方式（調變方式、通道編碼方式等），對於接收端之設計採用何種演算法解碼並無規定，只要求接收端解碼可達到相關之位元錯誤率（Bit Error Rate, BER）即可。惟影像解撥放與通訊系統特性剛好相反，影像撥放標準通常只定義解碼方式（例如採用之 CABAC 等影像壓縮編碼），對於壓縮端並無較深入說明，只要在能解壓縮出正確影像檔案的前提之下，設計工程師可自由開發壓縮之演算法。

影像與通訊設計取捨

由夏農的兩個定理可知，Entropy 定義了資料壓縮的極限，尋找更先進之壓縮編碼，將傳輸之原始資料檔大小降至最低。而第六章說明通訊傳輸可藉由增加多餘（Redundant）編碼，使傳輸速度變快，故爲了使系統傳輸量增加，例如未來要達成透過個人行動裝置觀看 4K2K 電視此目標，可透過雙管齊下，用達成夏農通道編碼極限之先進編碼傳輸影像檔案，同時亦使用接近夏農訊源編碼之壓縮編碼減少 4K2K 影片大小以利傳輸。

影像壓縮基本單位

影像壓縮基本單位在 H.265 中被稱爲預測單元（Prediction Unit, PU）與編碼單元（Coding Unit, CU），類似 H.264 之巨集方塊（Macro Block, MB），此 MB 爲影像壓縮之基本構成單位，撥放影像的 Frame 都是由整數個 PU/MB 單位所構成，CU 可由多個 PU 組成，主要爲支援 64×64，目的爲適應大影像尺寸壓縮，也可因應 4K 解析度以上需求。

PU 大小爲 16×16 像素構成。每個 PU 又根據內部影像分布，分割成不同格式，如圖 7.4 所示，最小分割單位可小至 4×4。H.265 又較 H.264 更有彈性，可支援非對稱性（Asymmetric）分隔。

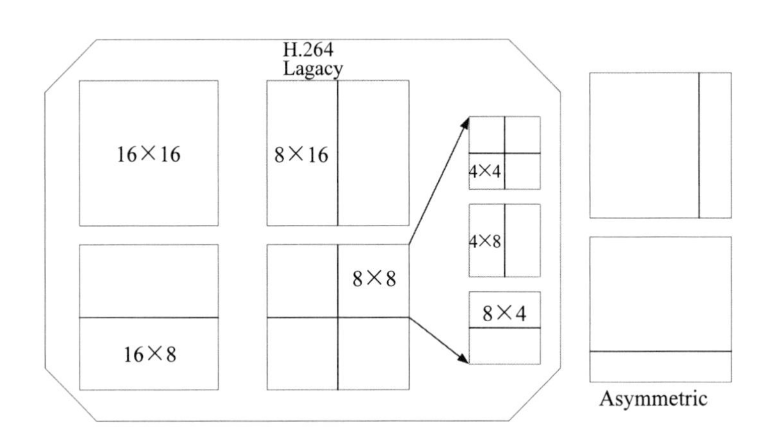

圖7.4　H.265預測單元格式種類

影像壓縮之兩大基礎模式：空間（Spatial）與時間（Temporal）相關性 [7]。

空間相關性（Spatial Correlation，又稱為 Intra）

空間相關性為在同一個 Frame 中，減少多餘資料，以達到壓縮最佳化。在影像壓縮 Frame 中，以空間相關性為基礎，預測被解碼區塊稱為 I PU，若 Frame 中所有 PU 均為 I PU，則此 Frame 被稱為 I Frame。

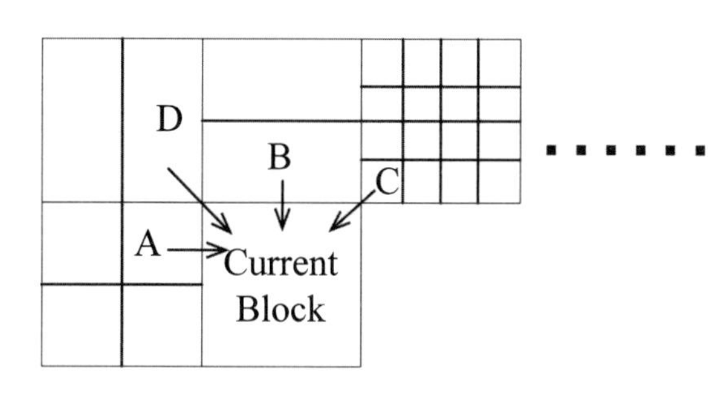

圖7.5　Intra預測方式

圖 7.5 顯示 I PU 預測方式，由於畫面周邊具有高度相關性，一個正等待解碼之 PU，其模式與周邊已解碼完成之 PU 的相同機率非常高，因此如可由周邊已完成之 PU 預測正待解碼之 PU，則可節省此正待解碼所需資料。圖 7.5 說明了正待解碼（Current Block）之 PU，可透過選擇周邊相鄰已解碼完成 PU（ABCD）之預測模式（Prediction Mode）與像素，做為本身 Intra 資料。

時間相關性（Temporal Correlation）

時間相關性為影像撥放時 Frame 與 Frame 之間具有高度相關性，例如影片常出現連續動作，故最近相鄰之畫面通常也具有相當高之重複性，故有相當大之壓縮可能，此時間相關性又被稱為 Inter。

其運作方式如圖 7.6 所示。

Frame 次序重排（Reorder）

影像壓縮原始檔案撥放順序，不一定會跟壓縮後／解碼時

Frame 順序相同，主要是爲了達到壓縮最佳化。由於動畫移動特性，先解出未來（Future）Frame，有助於預測目前解碼之Frame。

行動補償（Motion Compensation）

行動補償爲 Inter 最主要運作模式，目的在運算出移動向量（Motion Vector, MV）與參考（Reference）Frame。透過 Frame 之間區塊移動之相關性，壓縮解碼單位只需計算以上資料，即可還原目前欲解碼之 Frame。Inter 分爲兩種 PU：P PU 與 B PU。

B PU

B PU 爲使用兩個參考 frame 與計算出兩個 MV 來計算目前 PU。通常一個爲未來（Future）MV 與未來參考（Future Reference）Frame，另一個則爲過去（Past）MV 與過去參考（Past Reference）MV，示意圖如圖 7.6 所示。

P PU

在 Inter 處理中如果只參考一個過去 Frame 與過去 MV，則此 PU 被稱爲 P PU, 其預測方式也是類似 Intra 中由相鄰已解碼完成之 PU，計算出預測 MV（MV Prediction, MVP），如眞正 MV 與 MVP 有差異時（Difference），則由 Parser 解出補足。

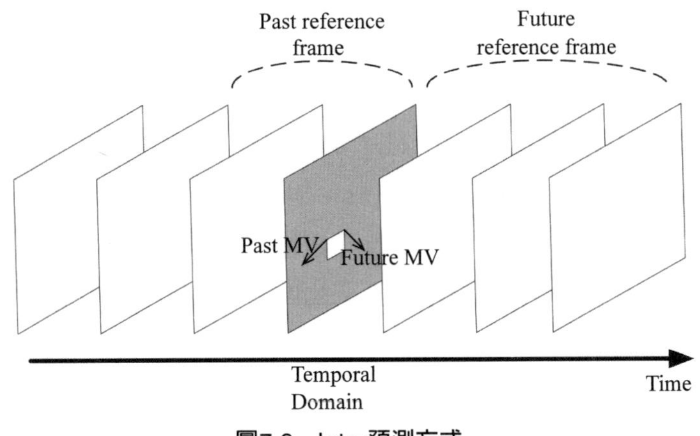

圖7.6　Inter預測方式

7.4 影像播放單元實作

本節主要介紹影像播放傳輸標準 Miracast 做爲實例說明。如第二節所述，Miracast 爲一種鏡射技術，可將個人行動裝置螢幕圖案，包含靜態圖片或者動態影片同步至大型螢幕（如電視）顯示，是 WiFi 聯盟爲了推廣無線影音播放應用而制定標準 [8]。Miracast 與其他競爭標準如 WinGig 、WirelessHD 相比，其具有以下優勢：

1. Miracast 爲應用現已存在標準，包含影像壓縮標準 H.264 與無線通訊標準 WiFi。有些標準自行定義全新通訊標準，此將妨礙流通性。
2. 新的通訊標準可採用新的頻段避免過於擁擠，例如 60 GHz。雖然高頻載波具有較高之等效基頻頻寬，可傳輸較快訊號，有助於傳輸非壓縮影音。但透過成熟之 H.264 解壓縮電路，與高頻載波衍生出射頻元件、測試等成本相比，Miracast 極具競爭優勢
3. WiFi 聯盟已成爲使用 IEEE 802.11 系列標準參與廠商數目最大的組織，透過聯盟認證有助於降低裝置間互通成本。Intel 之前推出之 WiDi 已開始與 Miracast 相容。

Miracast 主要由影像（解）壓縮與通訊系統兩大類組成

通訊系統（WiFi）已在第六章說明，故本節只討論 H.264 架構實作。

圖 7.7 顯示 H.264 單位架構及主要路徑。H.264 封包（packet）來源可從數位電視（例如 DVB）解調（Demodulation）後或者從個人行動裝置儲存裝置（NAND Flash）讀取，取得封包後首先分解（Demux）音效資料和影像資料，影像資料送至 H.264 解碼器（Decoder）解碼，其主要單元分述如下，每個 MB 解碼流程亦根據此順序：

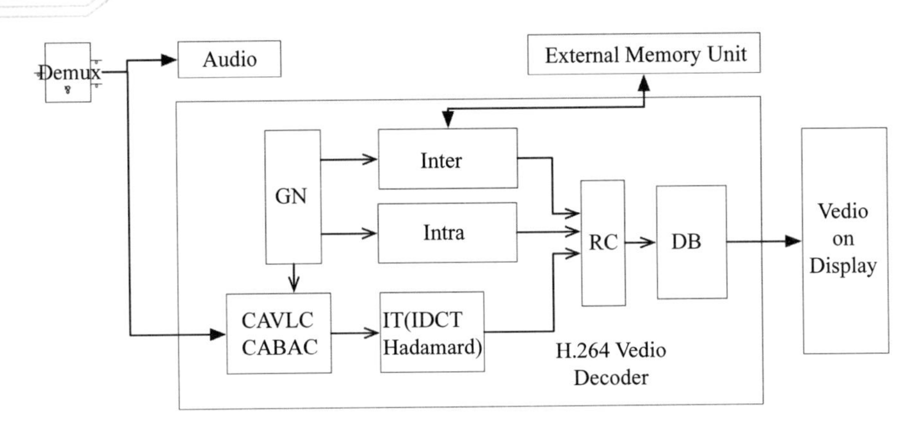

圖7.7　H.264架構與流程

相鄰空間（Get Neighbor, GN）單元

由前節所討論，利用相鄰已解碼 MB 之特性，預測待解碼 MB 資訊，以節省所需資料，GN 即負責此相鄰周邊資訊取得，包含 Intra、Inter 與 Parser 等單元都需要 GN 提供。

Parser 解碼

此單元負責解出殘餘值，除占多數之反轉換（Inverse Transform, IT）外，尚包括 Intra 與 Inter 預測與眞實之差異等。

Intra 單元

主要爲計算 Intra 預測模式與周邊已解碼像素，計算出目前 MB 像素。

Inter 單元

除計算 MV 之外，此單元需至外部記憶體（DRAM）搬運參考 Frame 之像素，故爲所有 H.264 解碼單元中需要外部記憶體頻寬最大之單元。在 H.264 之後的編解碼標準已可支援小數精準度搬運。

IT 單元

根據 MB 分割格式，使用不同反轉換公式。如被解碼之 MB 爲 16×16Luma 區塊，則 IT 除了使用 Inverse DCT 外，會再用 Inverse Hadamard 方程式作爲反轉換基礎，還原低頻影像。

重建（Reconstruction, RC）單元

由於每個 MB 必定為 I 、P 或 B 區塊其中之一，亦即只會被 Intra 或是 Inter 擇一使用，預測後之資料將會與 IT 結果（原先之差異）合併還原成原先 MB。

去方塊化（De-Blocking, DB）單元

影像還原後，常有明顯方塊效應產生在 MB 邊緣，為解決此效應，MB 在 DB 單元經過濾波器 Filtering 以達到邊緣平滑功能，最後送至影像撥放（Video on Display）裝置於螢幕顯示。

實作解碼器設計

雖然目前個人電腦已具備足夠軟體運算能力解碼 4K2K 影片，但個人行動裝置受限於電池蓄電能力，配置高運算高耗電之 CPU 與 GPU 進行運算目前還須努力，故實做高效能硬體電路不失為解決方案之一。但在裝置中設計解碼器時，需客製化才可得到成本最低，因為過高解碼能力（Overdesign）將會造成 IC 成本大幅提升，例如本來只需較弱推力之邏輯閘，由於需要較快的時脈解碼，IC 合成軟體將會自動產生較大推力之邏輯閘以符合時脈條件。故選擇適當之時脈將是主要關鍵。舉例如下：

問題：如欲撥放 HD 720p（1280×720）之 H.264 電影，則需在採用管線化之解碼器設計內，根據何種限制開發？

每個 Frame 所需解之 MB 為：

1280/16（水平 MB 數）×720/16（垂直 MB 數）= 3,600 (MB)

如以人眼可平滑觀看，每秒至少需解 30 Frames，則每秒需解

30 (Frames)×3,600 = 1080,00(MB)

每個 MB 解碼時間需低於 9.26 微秒（micro second）

故如果電路時脈為 40 MHz（0.025 micro second）

解碼器電路設計架構解碼每個 MB 平均需要花

9.26 / 0.025 = 371（週期）

值得注意，上述計算只含 MB 階層，實際解碼仍需涵蓋 Slice 等更高階層，故如選定時脈為 40 MHz，實際平均解碼每個 MB 周期數最好低於 280 週期以下。

Miracast 傳輸過程

影像無線播放應用幾乎牽涉近代所有資通訊技術，主要包含影音（解）壓縮、封包化（Packetization）、軟體通訊協定與無線傳輸技術。傳送過程分為傳送端（Source）與接收端（Sink）。傳送端流程圖如圖 7.8（左）。接收端流程則為傳送端之反向處理。

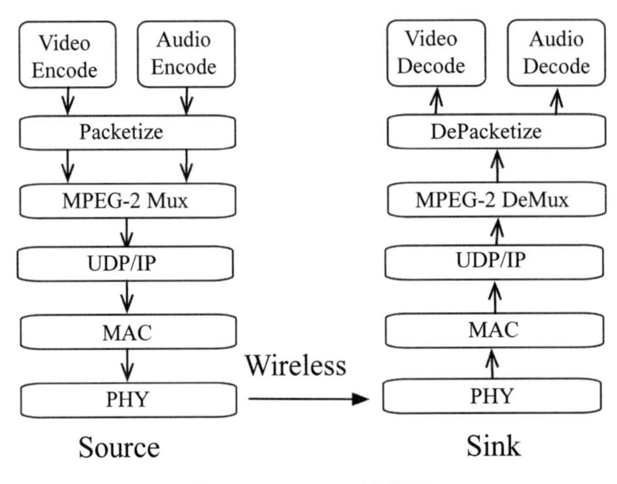

圖7.8　Miracast流程圖

影音壓縮

影音（Video）使用 H.264 標準。音效（Audio）部分採用線性脈衝編碼調變（Linear Pulse Code Modulation, LPCM）、進階編解碼（Advanced Codec, AC3）與進階音效編碼（Advanced Audio Coding, AAC）。

封包化（Packetize）

壓縮後之影音資料透過基本串流封包化（Packetized Elementary Stream, PES）與影音多工（Multiplex）封裝成支援 MPEG-2 的傳輸串流（Transport Stream, TS）。

軟體通訊協定

由於影音資料無需特別強調資料完整性，爲效能最大化使用 UDP 協定再下傳至 IP 層。

無線傳輸技術

Miracast 使用 WiFi 技術做爲無線傳輸標準，故媒體存取層（MAC）使用 IEEE 802.11，而實體層（PHY）是用 IEEE 802.11a/b/g/n/ac。

7.5 結論

影像構成之基礎單位為像素

第一節說明影像理論基礎，不管靜態照片、動態影片或是顯示圖形，所有構成之基本單位皆爲像素。透過紅、藍、綠三原色可組成所有色彩，再透過位元深度以及其他影像理論，資訊產品可帶給人眼許多美麗新世界。

圖形處理單元平行計算高速發展

自從電腦發明以來，即有螢幕顯示需要。最早從輸入文字命令列、彩色圖形使用者介面，至現今 3D 圖形顯示，均靠圖形處理單元持續發展。由於其具有平行處理特性，發展速度幾乎與半導體製程技術同步成長，已成爲 IC 晶片中可整合電晶體數目最大者。未來主要的最大挑戰將會是散熱與耗能。

動畫解壓縮播放持續增加人類視覺品質

人類對動畫品質的要求到目前仍無止境。從早期影音光碟標準（320×240）、藍光電影光碟（1080p），到目前電視之 4K2K 解析度，甚至已著手制定 8K 解析度之標準，人眼對於美麗事物要求持續推動著資通訊產品進步，透過半導體技術進步，整合更強力編解碼標準，更高解析度的影片將不只在電視或是個人電腦上播放，甚至是個人行動裝置上也能播放。

無線影音播放為未來趨勢

更高解析度動畫推動產生更大容量之影音檔案，傳統使用實際線路如 HDMI 做為傳輸線，但隨著無線行動應用成長，無線影音播放勢必將會成為未來主流規格，面對更高之高畫質影音（8K4K）需求，使用更強力之壓縮技術（H.265）或者提高傳輸速度將不可避免。

參考文獻

[1] Keith Jack, Video Demystified, 4/E, Elsevier Inc., 2005.

[2] 華特、艾薩克森，賈伯斯傳，天下文化，2011。

[3] Peter N. Glaskowsky, A Concise Review of 3D Technology, Linley Group, June 21, 1999.

[4] John l. Hennessy, David A. Patterson, Computer Architecture A Quantitative Approach, 4/E, Morgan Kaufmann, 2006.

[5] Thomas M. Cover, Joy A. Thomas, Element of Information Theory, Wiley, 1991.

[6] Vasudev Bhaskaran, Konstantinos Konstantinides, Image and Video Compression Standards Algorithms and Architecture, 2/E, Kluwer Academic Publishers, 1997.

[7] Lain E. G. Richardson, H.264 and Mpeg-4, Video Compression, Wiley, 2003.

[8] Wi-Fi Display Technical Specification v1.0.

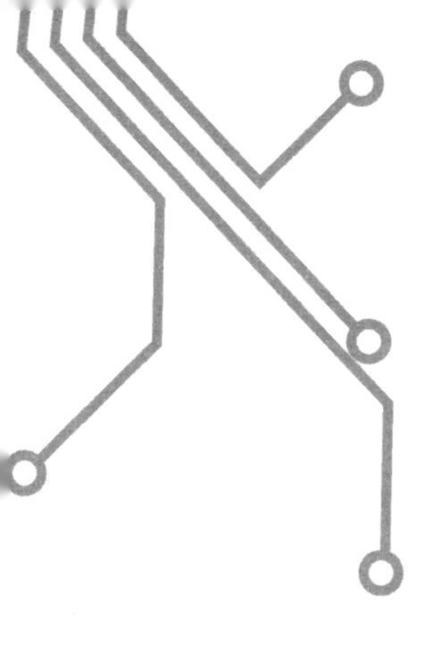

第 8 章

個人行動裝置架構

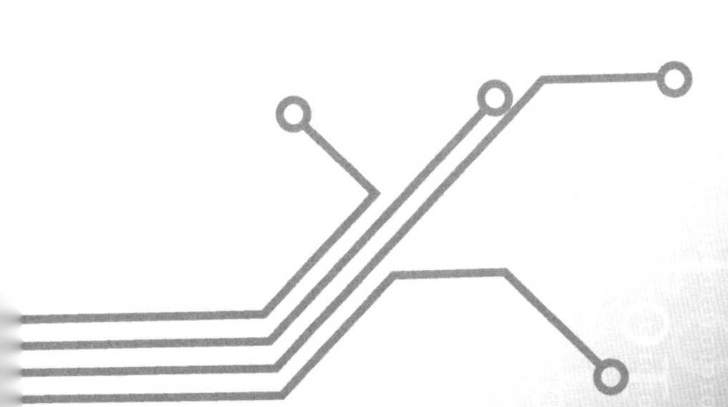

個人行動裝置架構

8.1 個人行動裝置IC架構圖

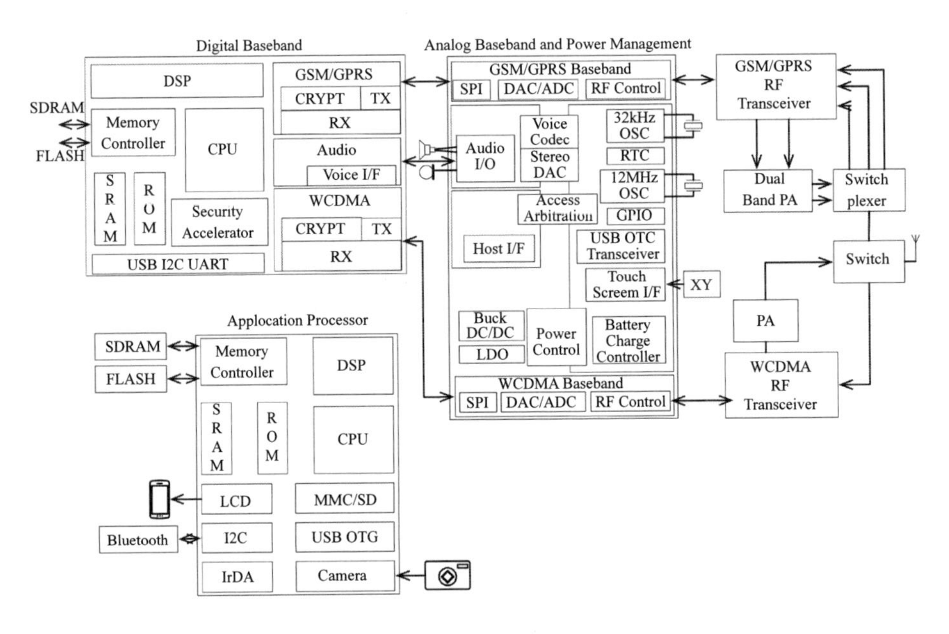

圖8.1　初期2/3G智慧型手機主要內部架構圖

個人行動裝置初期架構，以2003年使用GSM/GPRS/WCDMA技術之智慧型手機（Smart Phone）為例（如圖8.1），早期智慧型手機IC整合度不高，通常由應用處理器（Application Processor, AP）、數位基頻處理器（Digital BaseBand, DBB）、類比基頻處理器（Analog BaseBand, ABB）與射頻傳輸模組（Radio Frequency Transceiver Module, RF Module）所構成[1]。

應用處理器

手機上一般使用者使用之應用程式（如玩遊戲、觀看照片）由AP所執行，故AP中內含CPU、數位訊號處理（Digital Signal

Processing, DSP ，用以處理照片壓縮、MP3 撥放）、照相功能、儲存裝置如多媒體卡（MultiMediaCard, MMC）、通用序列匯流排（Universal Serial Bus, USB）等數位部份。

數位基頻處理器

通訊基頻由於涵蓋數位和類比兩部分，故分爲兩類處理。DBB 負責數位基頻訊號處理，包含處理 L1 之 DSP[2] 以及負責處理 Layer2/3 Protocal Stack 之 CPU ，同時也涵蓋同具數位與類比特性之語音（通話）數位部分。

類比基頻處理器

ABB 包含處理通訊的傳輸端調變（TX Modulation）、由於射頻收發機（RF Transceiver）只傳收類比訊號，ABB 也負責轉換通訊波形包含類比數位轉換器（Analog to Digital Converter, ADC）或是數位類比轉換器（Digital to Analog Converter, DAC）、通話語音終端（類比）部分、USB 類比以及觸控（Touch）類比介面。ABB 因具有混合性訊號（Mixed Signal）特質，非常適合整合電源管理 IC ，故電壓降壓電路、電池充電控制介面通常也會整合至 ABB 中。

射頻傳輸模組

射頻（Radio Frequency, RF）模組包含收發機（Transceiver）[3]、功率放大器（Power Amplifier, PA）、高頻濾波器（Filter）。由於圖 8.1 符合 GSM/GPRS/WCDMA 標準，故分述如下：

GSM/GPRS

由於 GSM/GPRS 常見頻段爲 900 MHz 與 1800 MHz。故內含混波器（Mixer）與低雜訊放大器（Low Noise Amplifier, LNA）之 Transceiver 、PA 及 Filter 均根據 900 MHz 與 1800 MHz 頻段不同而分兩種。

WCDMA

WCDMA 常見頻段爲 2100 MHz，與 GSM/GPRS RF 相關參數不同，故需另一套 RF Module。

螢幕

個人行動裝置中外觀最明顯部分爲螢幕，螢幕目前主流爲液晶螢幕（Liquid Crystal Display, LCD）。LCD 解析度也一路上升，隨著螢幕在實際使用上實體尺寸逐漸增加，LCD 每英吋擁有畫素（Pixel or PPI）持續上揚，故 Apple 在 2010 年推出號稱視網膜解析度（Retina）之螢幕。但隨著 PPI 上升，LCD 需要更多的背光源，雖然個人行動裝置常採用控制背光量技術，但電源消耗還是對使用時間造成相當威脅。

儲存裝置

行動運算裝置有儲存作業系統、系統程式、多媒體影音檔以及下載軟體需要，故須空間存放。個人行動裝置儲存單元主要爲快取記憶體（FLASH）。除本身裝置外，某些裝置亦提供（Secure Digital, SD）卡介面作爲擴充儲存裝置。

智慧型手機與平板電腦皆為個人行動裝置

由於個人行動裝置應用非常廣，如智慧型手機、平板電腦皆屬此應用，事實上智慧型手機與平板電腦除了螢幕尺寸較大，與相容傳統電信系統撥號方式雙音多頻（Dual Tone Multi Frequency, DTMF）單元（多數平板電腦無傳統通話功能，但可透過 WiFi 上網以 Voice IP 方式通話）之外，主要架構幾乎相同。故本書討論範圍皆可應用於此兩類裝置。早期行動電話只有通訊傳話功能，但隨著積體電路製程進步，照相、影片等多媒體功能，以及上網、感測等智慧型功能也陸續整合入行動電話中

智慧型手機與平板電腦體積為主要差異

從外觀而言，兩者體積差異至爲明顯，但對於研發設計而言，較小體積之智慧型手機將大幅增加設計難度，空間利用不如平板電腦，面積與空間在手機內彌足珍貴，故手機需較高整合度，主要可透過 IC 內整合與封裝整合達成，例如可透過封裝堆疊（Package on Package, or PoP）將隨機動態存取記憶體與應用處理器封裝於一顆晶片。

8.2 個人行動裝置系統架構

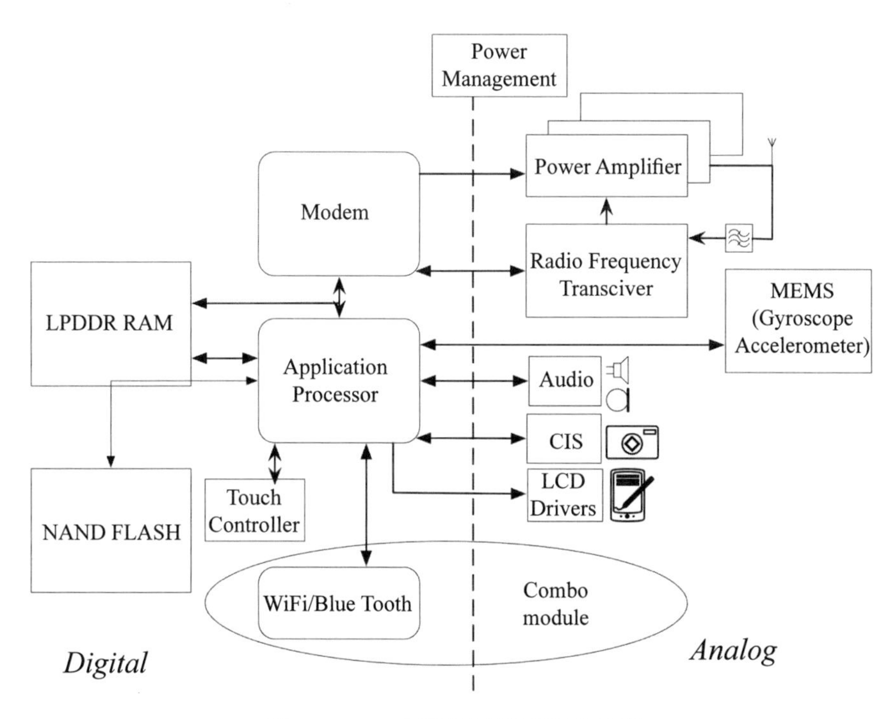

圖8.2　2014年智慧型手機內部架構

智慧型手機 10 年變化

圖 8.2 爲應用於 2014 年個人行動裝置上系統架構圖。與第一節 2003 年初期智慧型手機（圖 8.1）相比較，可整理爲表 8.1。

表 8.1　2003 與 2014 年智慧型手機規格比較表

元件	2003	2014
CPU/OS	單核心、軟體單工	多核心、軟體多工多執行緒
Telecom	GSM/GPRS/WCDMA	GSM/GPRS/WCDMA/HSDPA/LTE
WiFi	802.11a/b	802.11a/b/g/n
GPU	黑白／低解析度彩色螢幕	解析度為 1080p，具 H.264 影片撥放
DRAM	SDRAM	Low Power DDRAM（LPDDRAM）
Input	鍵盤、觸控筆	電容式多點觸控螢幕
Camera	20 萬畫素	1000 萬畫素以上
Sensor		陀螺儀與加速計
GPS		新增

由上表可知，10 年來個人行動裝置變化主要爲功能之強化與新增功能。主要進步爲通訊單元整合與 AP 功能強化。

通訊單元整合

因電子產品皆由數位與類比構成。數位化具有抗雜訊（Noise）、容易整合等優點，數位運算紛紛開始取代類比運算。故目前設計除了最初與最後一級爲混合性訊號元件外（通常爲 ADC 或 DAC），其餘皆爲數位運算以提高整合性。

基頻單元整合方法

通訊單元爲早期手機唯一功能，與其他許多電子產品相同，在半導體製程未如現今進步時，皆使用許多離散（Discrete）元件組成，甚至由於通訊高速特性，許多元件使用雙載子接面電晶體（Bipolar junction transistor, BJT），而非現今常用的 CMOS。隨著半導體技術進步，數位與類比紛紛整合爲單晶片，如圖 8.3(a) 所示，此爲第一節圖 8.1 說明之智慧型手機最早期之 IC 架構圖。

由於類比與數位分開整合，圖 8.3(b) 將 ABB 整合至射頻接收機（RF Transceiver），藉由提供標準化 DigRF 介面，解調變單元（MODEM）可以搭配不同廠商之 RF Transceiver。圖 8.3(c) 進一步將同屬數位領域之 AP 與 MODEM 整合於同一晶片。理論上，整合度越高，成本越低，但有時因爲策略考量，推出廠商可能自行開發 AP，例如 Apple，故現今並非所有 AP 均整合 MODEM。

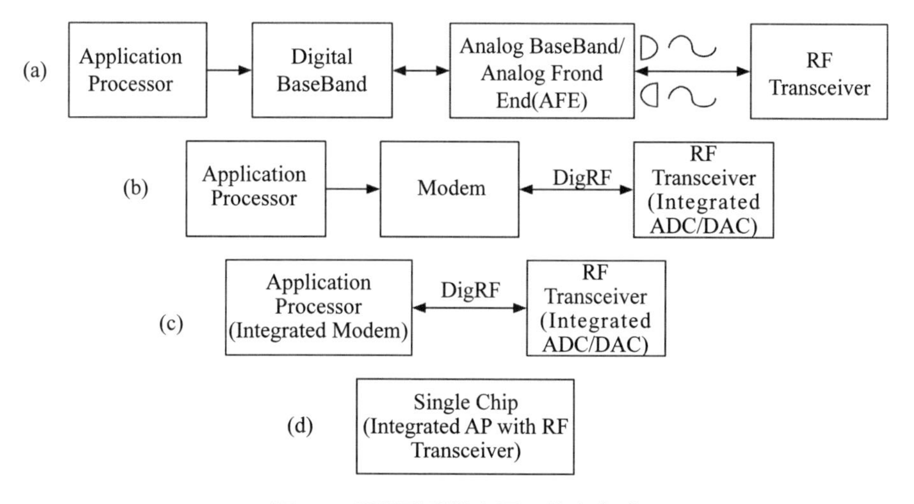

圖8.3　智慧型手機主要IC整合方式

數位類比單晶片

圖 8.3(d) 爲整合所有主要單元爲單晶片。惟數位與類比同時整合於單晶片上，將大幅增加 IC 設計難度，由於數位電路非常容易產生高頻雜訊，在單晶片中，如電源（Power）與接地（Ground）設計不良，數位電路所產生雜訊就非常容易飄入抗雜訊容忍度較低之類比電路，造成系統誤動作，故設計此單晶片需特別小心處理。

AP 功能整合新增功能日益

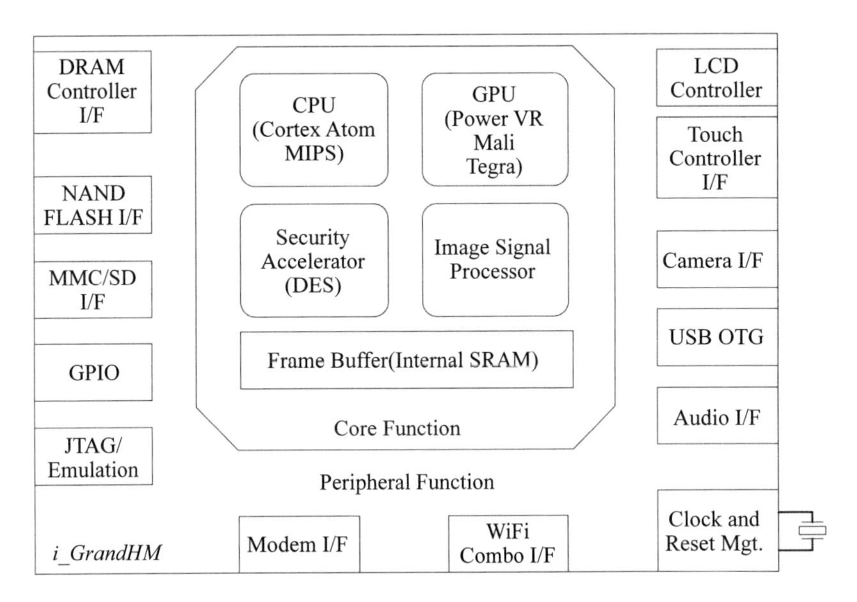

圖8.4　2014年常見AP Diagram

圖 8.4 顯示 AP 架構圖，個人行動裝置整合了越來越多新功能，包括影像訊號處理單元（Image Signal Processor, ISP）強化了照相功能（第三節），提供安全資料加解密功能（Data Encryption Standard, DES）、與其他消費裝置連結之通用序列匯流排（Universal Serial Bus, USB）、快閃記憶體（NAND）等儲存裝置、觸控控制（Touch Controller）與微機電（Micro Electro Mechanical Systems, MEMS）感測器（Senses）連接介面。

AP 未來將持續整合其他控制介面

個人行動裝置必將持續整合新功能，例如新增金融信用卡應用之近場通訊技術（Near Field Communication, NFC），心跳、腦波等健康照護（HealthCare）、無線充電技術介面、投影技術等。

8.3 記憶體與照相單元

第五章第三節說明記憶體體系中動態隨機存取記憶體（DRAM）為 CPU 執行程式碼之處。下表說明過去處理器速度與記憶體速度表。

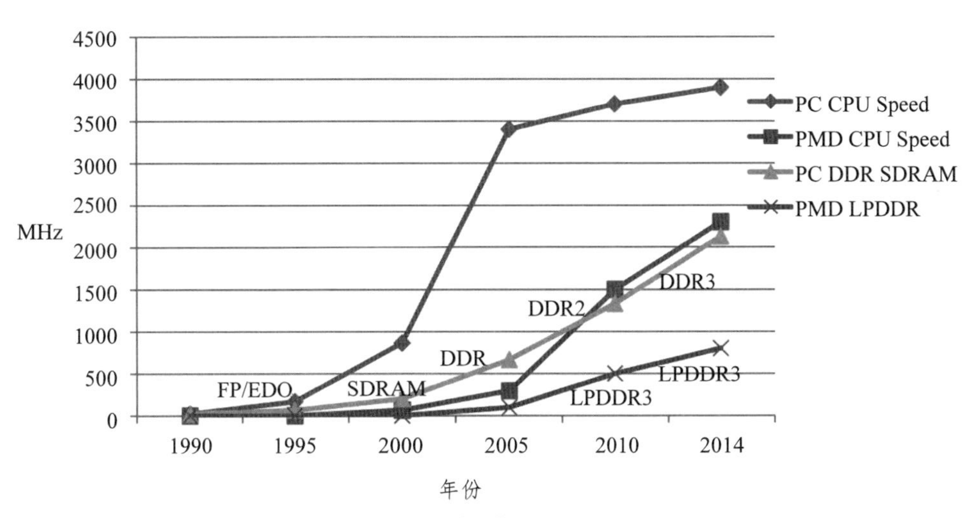

圖8.5　記憶體時脈成長圖

記憶體速度無法跟上 CPU 速度

在 386 以前，CPU 速度與記憶體速度一致，但自從 486 DX 開始採用倍頻技術後，連結記憶體之系統匯流排（BUS）與 CPU 內部運算時脈兩者開始獨立。所謂倍頻技術，是透過 CPU 內部鎖相迴路（Phase Locked Loop, PLL），將 BUS 時脈以倍數增加後提供 CPU 運算。例如 486DX2 66 即使用記憶體 33 MHz，而 CPU 內部則以 33×2 = 66 MHz 處理。如圖 8.5 所示，記憶體速度成長幅度遠低於處理器速度，此亦為第五章第三節快取需被應用至 CPU 之原因。個人行動裝置之 CPU 與記憶體速度相關性也如同個人電腦般，故也需快取作為配合。

DRAM 基本架構

DRAM 與 SRAM 架構主要的不同爲儲存資料單位是電容（SRAM 爲電晶體），雖有面積成本遠低於 SRAM 的優勢，但也因此需不斷重新充電（Refresh），以維持電容儲存之電位。DRAM 存取位址也爲節省成本之故，可透過多工解碼，分爲列（Row）位址與欄（Column）位址，存取 DRAM 時先送列位址——透過 RAS（Row Address Strobe）標示時序之後，再送欄位址——透過 CAS（Column Address Strobe）標示時序，DRAM 解碼存取位址後，再透過 DQ（Data In or Out）送出欲讀取資料。DRAM 技術經過數十年發展，其基本存取架構雖然不變，但透過管線（Pipeline）化對流程改進，衍生出快速頁面（Fast Page）、延伸資料輸出（Extended Data Out, EDO）、同步（Synchronous DRAM, SDRAM ）、雙倍資料率（Double Data Rate, DDR）SDRAM 與行動裝置專用低功率（Low Power, LP）DDR 如圖 8.6 所示 [4]。

快速頁面 RAM

由於快取區塊（Cache Line）讀取爲 32 Bytes ，當系統開始配置 Cache 時，利用連續讀取記憶體區塊，稱爲頁面（Page）模式。Page 模式中，CAS 可以連續發送，在固定同一 RAS 前提下，Fast Page DRAM 可節省每筆 RAS 之 Setup 及 Hold Time。

延伸資料輸出 DRAM

與 Fast Page 相較，EDO 透過新增資料輸出緩衝區（Data Out Buffer）儲存讀出之資料後，CAS 可不需等候資料被讀取即可變化下一筆 CAS 位址，隱藏了資料讀取時間。

同步 RAM

SDRAM 利用預先讀取（Pre-fetch）技術，每次 CAS 多預先讀取，通常多讀取一倍（2：1），Data Out Buffer 時脈即可與需不斷 Refresh 而受限之記憶體陣列分開，達到每個時脈同步收送資料。

雙倍資料率 SDRAM

DDR 更新 Pre-fetch 比率以求達到每上升（Rising）或下降（Falling）邊緣皆可收送資料，DDR 由於通道時脈不斷上升，過去共模（Common Mode）時脈容易產生雜訊，導致記憶體模組之間不相容，故在 DDR 通常採用差模（Differential）時脈以減少此影響。

低功率 DDR

LP DDR 時序與 DDR 相同。相異於 DDR，LP DDR 為適用於行動（Mobile）裝置之 DDR，降低電壓與工作頻率以求節省功耗（Power Saving）。LP DDR 架構圖如圖 8.7 所示 [5]。

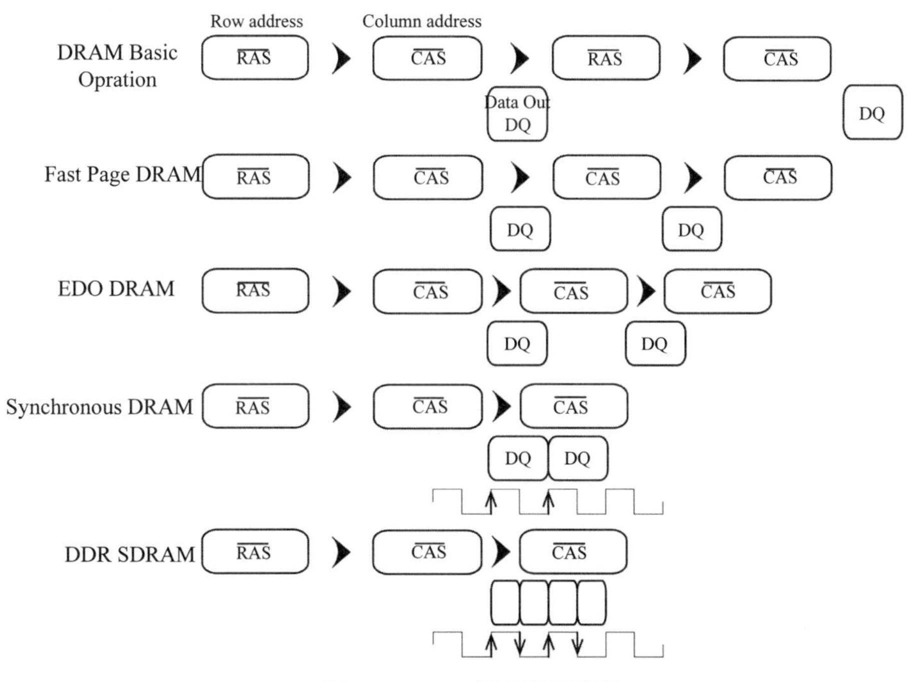

圖8.6　DRAM歷史存取流程

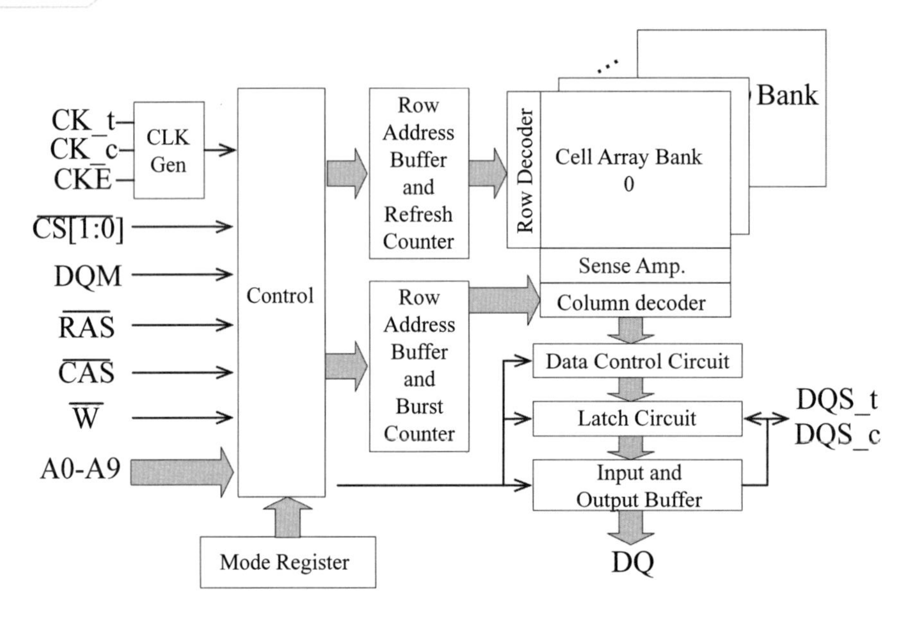

圖8.7　LPDDR SDRAM內部區塊圖

照相模組構造

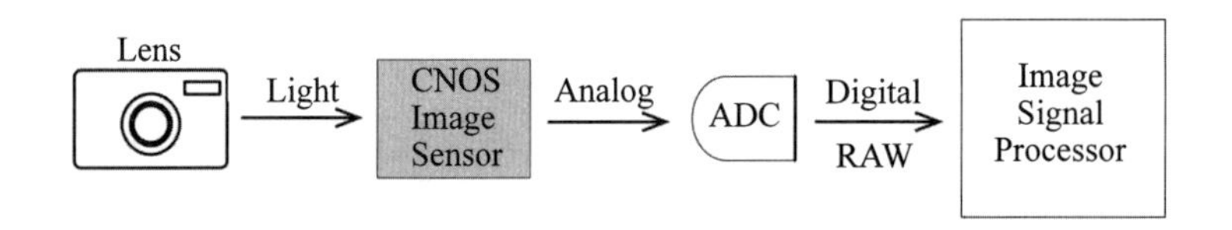

圖8.8　照相模組流程圖

照相模組牽涉光學、類比訊號與數位訊號處理（圖 8.8），由光學鏡頭（Lens）、CMOS 影像感測器（CMOS Image Processor, CIS）、類比數位轉換器（ADC）與影像信號處理器（Image Signal Processor, ISP）組成。

光學鏡頭

光學鏡頭負責接收光線與解析度正相關，解析度 4K2K 照片需要 4K×2K = 8M（八百萬畫素鏡頭）。

CMOS 影像感測器

CIS 由感光二極體（Photo Diode）所組成，其接收光線之後會產生電流，電流強度與接收光線強度成正比，經過三原色濾波送至 ADC。照片解析度也與 CIS 感光像素為正相關。

類比數位轉換器

如同通訊類比轉數位過程，由 CIS 產生之類比訊號，需經過 ADC 轉換為數位訊號，由於其直接來自光學與類比，無經過任何後製處理，此資料被稱為原始資料（RAW 檔）。

影像信號處理器

個人行動裝置照相功能日新月異，甚至開始取代傳統數位相機。數位影像資料最終處理單位為 ISP，ISP 運算功能可分為傳統影像處理與特殊效果。

傳統影像處理

壞點修補（Correct Pixel Defects）、去雜訊（De-noise）、更正 CIS 所造成之扭曲變形（Skew）、偏壓（Bias）、白平衡（White Balance）、彩色空間（Color Space）轉換以及為減少照片儲存空間之 JPEG 編碼器。

特殊效果

人臉偵測、場景效果、自動對焦等。

8.4 系統晶片開發流程

個人行動裝置系統晶片開發流程可分成兩類介紹，單純晶片開發流程與系統開發流程。

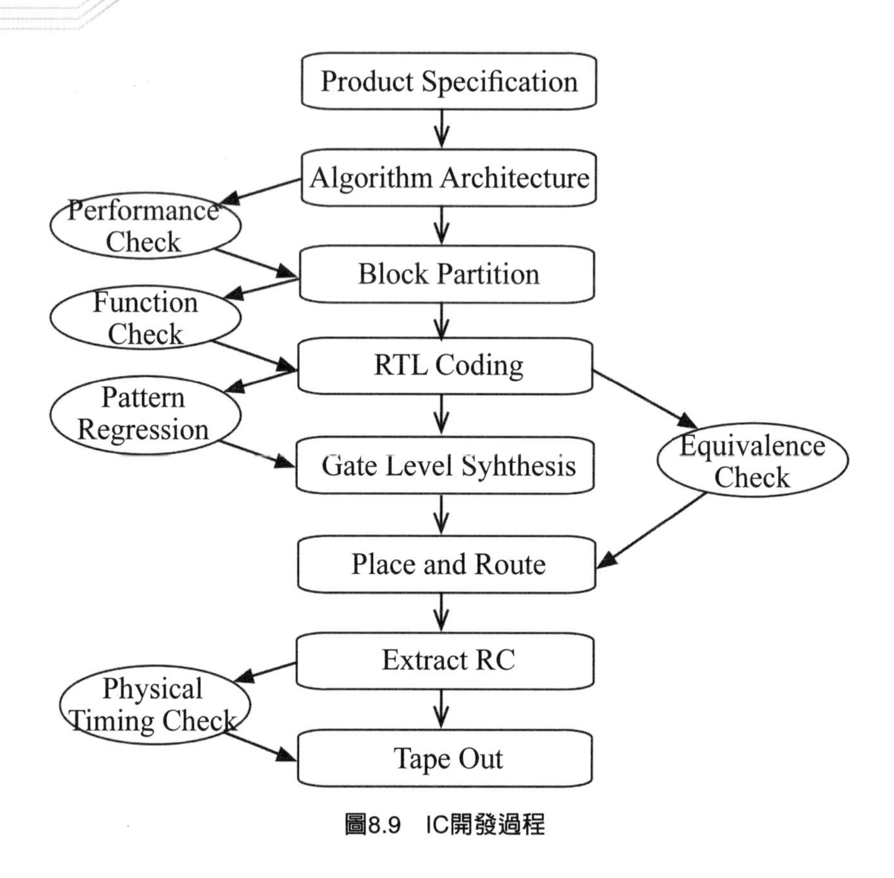

圖8.9　IC開發過程

IC 開發流程

IC 均會經過制定產品規格（Product Specification）、演算法與主架構選定（Algorithm/Architecture）、單位架構制定（Block Partition）、效能規格確認（Performance Check）、行爲暫存器轉移級（Register Transfer Level, RTL）設計、設計功能驗證（Function Check）、可程式化閘級陣列（Field Programmable Gate Array, FPGA）驗證、閘級電路合成（Gate Level Synthesis）、等校驗證（Equivalence Check）、實體佈局（Place and Route）、實體時序電路驗證等過程（Physical Timing Check）與最後的 IC 移交製造（Tape Out）[6]（如圖 8.9），以下將分別說明。

演算法與主架構選定

當產品規格制定後（例如支援 3GPP Release 10），可開始適合選定演算法（Algorithm）以及制定主架構（Architecture），並可參考 IEEE 相關期刊（Journals），選定最低成本之實作電路，例如以查表（Lookup Table）取代運算單元。

單位架構制定

主架構確認後，再設計每個單位結構以及單位間互相連結之訊號協定，例如影像解壓縮之行動補償（Motion Compensation）單元，此時已可估計關鍵路徑（Critical Path）決定運作時脈（Clock Rate）。

效能規格確認

當所有架構內容設計確認後，需有驗證方法確認所提出之架構是否滿足產品規格需要，例如 CPU 是否滿足效能指標（Benchmark）、影像解壓縮是否可滿足每秒 30 幀（Frames）播放 Full HD（1080p）影片，或是通訊架構傳輸錯誤率是否低於規格定義之位元錯誤率（BER），透過週期基礎（Cycle Based）之模擬軟體（通常為 C++），在實際撰寫硬體描述語言（Hardware Description Language, HDL）前，可確認是否成功。

行為暫存器轉移級設計

當所提出之架構證明可運行後，即可開始設計電路。目前設計電路以使用硬體描述語言為主 [7]，早期開發數位電路為直接設計閘級（Gate Level）電路，而類比電路則直接畫電路佈局（Layout），但隨著系統晶片整合度日漸增高，IC 內動輒數億電晶體內容而言，透過電腦輔助設計（Computer Aided Design, CAD）的幫助，使用 RTL 取代直接使用閘級電路，可大幅減少設計時間。

設計功能驗證

RTL 開發後，透過電腦模擬可輸入驗證樣型（Verification Pattern）測試是否正確，此階段可在電腦上精確模擬出 IC 訊號間狀態（State）與時序（Timing）是否如預期，而且也可大量模擬（Pattern Regression）所有可能測試樣型是否運作正常。

FPGA 驗證

由於 FPGA 具有實體閘級（Gate Level）特性兼具可程式化（Programmable）特性，可展現眞實電路運作狀況（包含與周邊實體電路間互動），不再僅限於電腦內模擬，目前常被使用於 IC 開發流程中。當 RTL 開發完成後，即可透過 FPGA 模擬，確認達成設計目標。

閘級電路合成

如前所述目前 IC 之高密集度，透過人力直接設計電路非常不具效益，故發展 RTL 設計，再透過電路合成（Synthesis）軟體將 RTL 轉換爲閘級電路。

電路合成後分析

由於電路合成時包含了 IC 未來製造時之製程資訊，故電路合成後，除閘級電路外，另含有 IC 電路路徑之時序延遲（Timing Delay），可透過靜態時序分析（Static Timing Analysis, STA）分析關鍵路徑（Critical Path）決定是否目標時脈（Clock）可運作。

此階段亦插入掃描串列（Scan Chain），透過電路內正反器（Flip Flop）置換成可測試性（Testability）正反器串成序列，此目的爲可偵測數位 IC 製造時所產生之錯誤（Fault），設計階段納入可測試方法被稱爲可測試設計（Design for Testability, DFT）[8]。

閘級電路時序模擬

透過使用帶有時序（Timing Delay）之閘級電路做功能模擬（Function Simulation）可更接近實體 IC 行爲。

等校驗證

合成後電路爲了再次確認合成正確性，或者直接在閘級修改電路，可透過正規驗證（Formal Verification）做等效確認（Equivalence Check），以上設計流程常被稱爲前端（Frond End）。

實體佈局

實體佈局開始常被歸類於後端（Back End）流程，可開始設計 IC 實體佈局（Physical Layout）並帶入類比（Analog）區塊，如第四章第二節說明。首先透過區塊置放與連線繞線（Place and Route, P&R），再透過 CAD 軟體做如設計規則確認（Design Rule Check, DRC）等檢查。

寄生效應萃取

電路連線會產生寄生效應，主要因爲寄生電阻（Parasitic Resistor）與寄生電容（Parasitic Capacitance），其所產生之電阻電容延遲（RC Delay）會影響眞正電路速度，透過 IC 實體佈局，可萃取（Extract）出正確値。

實體時序電路驗證

透過加入 RC Delay 資訊可精算出製造後 IC 精準時序（Timing），透過最後之時序電路驗證，確認是否符合設計規格。

IC 移交製造

經過以上流程後，IC 設計實體佈局圖即可送交（Tape Out）晶圓代工廠（Foundry）或是晶圓製造部門開始製作實體 IC。

系統開發流程

一個晶片的開發成功並不是只有純晶片工程師即可，在軟硬體高度整合時代，軟體（Software, SW）工程師、應用工程師（Application Engineer, AE）的參與都是不可或缺，在競爭激烈的資通訊產業，整合技術行銷（Marketing）參與系統開發過程也已行之有年，並促進整體產業進步，多方單位參與系統開發流程如圖 8.10 所示。

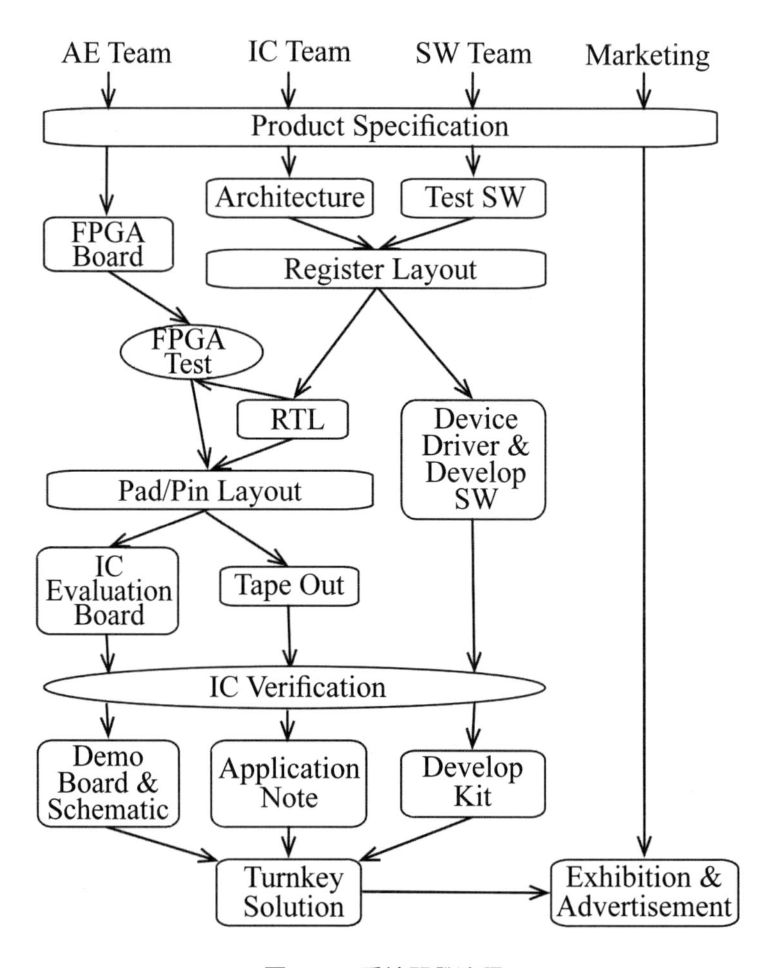

圖8.10　系統開發流程

產品規格制定

產品制定規格需配合市場與產品定位，故需行銷部門參與，又由於系統單晶片之故，除了 IC 開發部門外，應用工程師、軟體工程師也須同時參與。詳見第十章第一節。

測試軟體設計

制定產品規格後，軟體部門需因應晶片之特性，開始撰寫測試軟體設計（Test Software Design），例如爲影像播放晶片設計播放程式，或者爲通訊晶片設計可互連程式。

FPGA 模擬板設計

在 IC 部門開發晶片與軟體部門開發測試介面的同時，應用工程師也需開發整體系統其他介面之 FPGA 模擬驗證板（Simulation Board Design）。FPGA 模擬驗證板爲最早擁有實體周邊運行功能之系統板，其包含動態隨機存取記憶體、類比混合性訊號（類比數位轉換器）、天線、震盪器與被動元件等。

暫存器位址與內容確認

由於軟體工程師只能透過程式化暫存器位址與內容（Register Layout）操作 IC，故 IC 設計工程師需與軟體部門合作確認，方可讓軟體部門開始開發驅動程式（Device Driver）。

IC 接腳位置確認

在 IC 設計流程進入 P&R，確認接墊（Pad）位置後，封裝後之 IC 接腳（Pin Layout）需通知應用工程師進入開發 IC 驗證模擬板。

IC 驗證模擬板

IC 驗證模擬板（Evaluation Board）爲模擬 IC 製造後之功能，主要特色爲使用插座（Socket）快速置換不同 IC，與 FPGA 模擬板相同處是其也擁有實體周邊運行功能，但由於其驗證標的爲眞正IC而非FPGA，除錯時無法如FPGA容易選取訊號，故在此板需設置許多可輸出內部訊號之插槽做爲邏輯分析儀之測試點。但因爲此板與FPGA模擬板有許多共同特色，應用部門有可能設計成兩板差異處之子板，與兩板共通處的大板，藉以節省板材成本。

驅動程式與發展軟體設計

軟體工程師透過存取暫存器內可操作IC功能運作，此爲驅動程式運作原理，驅動程式（Device Driver）設計也需根據裝置所使用之作業系統分別開發，如安卓（Android）、iOS或RTOS不同版本。除驅動程式外，根據IC應用種類不同，也須開發對應周邊相關發展軟體（Develop SW）。

測試製造後IC功能

首次IC製造回來後，需經過完整測試其效能、功能等，方可確認設計正確。此時需所有工程部門通力合作測試（Verification）。測試計畫（Check List）包含數位與類比區塊。

數位驗證

整合透過應用工程部門發展之IC驗證模擬板，及軟體部門撰寫測試軟體，來測試儀器，如邏輯分析儀（Logic Analyzer, LA）等，驗證系統實際行爲是否如同設計時模擬之時序與功能、影像播放是否可成功播放設定規格之影片、通訊效能是否達到原先位元錯誤比（BER）標準。

類比驗證

透過IC驗證模擬板與示波器（Scope）等觀察實體波型、測量溫度等對電路之影響。

展示系統開發

當 IC 驗證完成後，應用工程部門需準備實體展示板（Demo Board）與其線路圖（Schematic）並撰寫應用文件（Application Note）。軟體部門也需提供各作業系統之驅動程式、應用程式（Kit）等，所謂統包解決方案（Turkey Solution）即包含以上之內容。

行銷參展、客戶拜訪

行銷部門於最早產品開發時就需參與產品規格制定，在展示系統開發完成後，即可開始於國際展覽會（Exhibition/Fair）、拜訪客戶或刊登專業雜誌與報紙（Advertisement）來展示成品（詳見第九章第一、二節與第十章第一節）。

客服應用工程師支援客戶導入

雖提供統包解決方案（Turkey Solution）給予客戶，但還是需要客服應用工程師（Field Application Engineer, FAE）支援客戶發展消費終端產品（如智慧型手機等）的試產（Pilot Run）到量產（Mass Product）爲止。

8.5 結論

個人行動裝置功能整合所有資通訊主流技術

目前個人行動裝置內主要單元已包括 CPU 、圖型處理單元（GPU）、數位訊號處理（DSP）單元、數位基頻、類比射頻元件、照相單元、儲存單元（包含隨機動態存取記憶體與快閃記憶體）、螢幕與電池。幾乎集合過去資通訊發展主要技術，包含過去個人電腦、軍用通訊技術，集合了所有主流應用於一身。

個人行動裝置數位類比混合加深設計難度

所有資通訊產品內的設計皆可分爲數位與類比兩類，由於人類感官只接受類比影音訊號，故所有個人行動裝置最前與最末端皆爲類比元件，類比訊號先轉換成數位訊號才於裝置內部進行運算處理。由於個人行動裝置或是穿戴式裝置內部實體空間遠不如其他資通訊產品，導致傳統數位類比混合設計困難度大增，此問題將隨終端裝置體積越小、整合度越大而日益嚴重。

整合新功能為個人行動裝置主要特點之一

如第二節說明，個人行動裝置功能日益增加。以照相功能爲例，21 世紀前手機並無整合照相功能，隨著 20 世紀末相機數位化，相機整合進入手機內成爲必然趨勢。目前許多手機內建之照相功能與品質已趨近低階或早期數位隨身相機。未來可預見更多功能，包含金融應用之近場通訊技術（NFC）與生醫監控應用將普及至每一個個人行動裝置內。

系統晶片開發過程需多方密切合作

由於資通訊發展系統晶片開發牽涉許多實體應用與工程技術。一個成功之系統晶片除需要數位類比 IC 設計工程師外、其他支援部門，如應用工程、軟體工程、甚至行銷業務單位缺一不可。透過多方緊密配合，方可產生供終端消費者在地鐵上隨身觀看社群軟體之個人行動裝置。

參考文獻

[1] Max Baron, Five Chips from TI – Or Is it Six? TI Introduces Faster Chips for Cell Phones and PDAs, Microprocessor Report, March 10, 2003.

[2] Alan Oppenheim, Ronald W. Schafer, John R. Buck, Discrete-Time Signal Processing, 2/E, Prentice Hall, 1999.

[3] Behzad Razavi, RF Microelectronics, Prentice Hall, 1998.

[4] Betty Prince, High Performance Memories - New architecture DRAMs and SRAMs evolution and function, Wiley, 1996.

[5] 178-Ball Mobile LPDDR3 SDRAM Features - EDF8132A1MC, http://www.micron.com

[6] Michael John Sebastian Smith, Application Specific Integrated Circuits, Addison-Wesley, 1997.

[7] Samir Palnitkar, Verilog HDL, 2/E, Prentice Hall, 2003.

[8] Miron Abramovici, Melvin A. Breuer, Arthur D. Friedman, Digital System Testing and Testable Design, John Wiley & Sons, Inc., 1994.

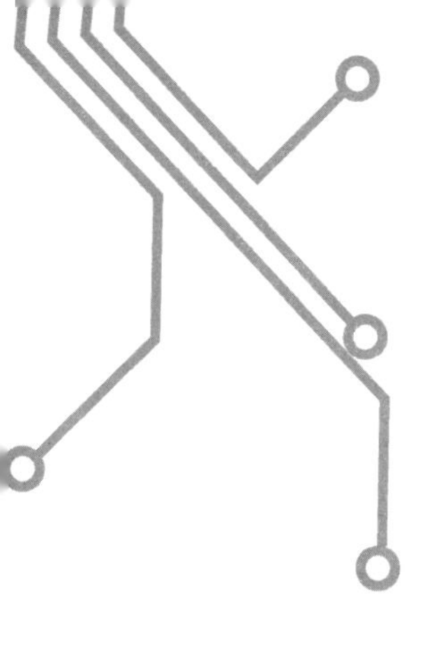

第 9 章

市場行銷

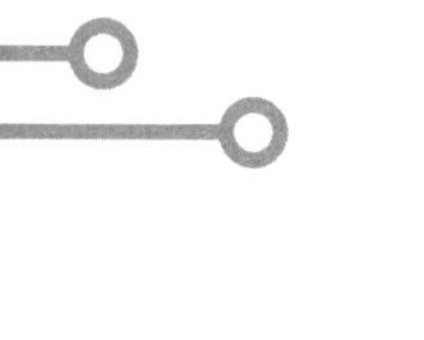

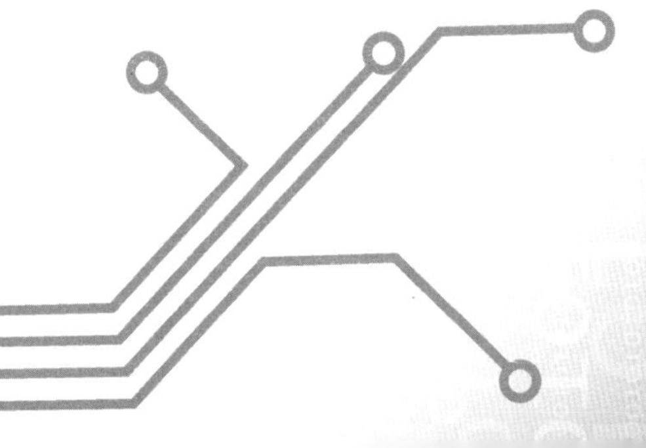

市場行銷

9.1 市場分析與關稅

市場分析與市場研究決定要做什麼產品，以及產品將有什麼樣的功能。開發產品第一步也是最重要的一步就是決定市場定位。不同的國家有不同的民情特性，產業的技術應該先以不同國家自己的特殊屬性去發展，以達到事半功倍的效果。如已開發國家與新興市場所需採取的市場行銷方式即有相當差距。茲用日本代表已開發市場與印度代表之新興市場爲例：

日本

日本國內電信市場通常較封閉，在過去電信大廠如 NTT DoCoMo 、KDDI 軟體銀行（SoftBank）主導了手機廠應該發展什麼技術以及規格。手機終端商與電信系統商深度結合以融入日本當地的生活習性，雖然築起了一道外國廠商無法跨入的牆，但相較於日本廠商在其他資通訊產品，如個人電腦等 3C 設備在國外攻城掠地，此國內客製化服務同時也導致日本電信手機廠商沒有多餘資源開發國外市場，在此情況下，一般資通訊廠商如要打進日本市場，手機終端商與其相關 IC 供應商就必須特別去建立與電信系統商的關係，專屬客製化其要求，才有可能立足於此市場。如 NTT DoCoMo 在 2001 年即開始營運全球第一個 3G 網路，建立了一套名爲 i-mode 的封閉體系，該體系不只提供手機、軟體及銷售，更讓用戶擁有透過手機上網、收發電子郵件等服務，非常類似 Apple 銷售 iPhone 的手法，惟與 iPhone 不同的是，i-mode 爲電信系統商，亦即 NTT DoCoMo 所主導，而非手機製造商。

日本電信系統商強勢主導手機的情況直到 iPhone 出現才被打

破。Apple公司挾著船堅砲利橫掃全球的威力強勢登日，逆轉了傳統手機廠商是爲了配合電信系統商而存在的習慣。除此之外，日本最早發展2G時，選用的系統並非美洲的IS-95（Cdma One）系統，亦非其他國家常見的歐規GSM，最主要原因是日本地狹人稠，多數透過大眾交通工具移動，爲人口密集的都會型國家。日本在2G的技術爲PDC（The Japanese TDMA Digital Cellular Standard）與後來之PHS（Personal Handy Phone System）。以上技術相對GSM而言，傳輸功率較低，電磁波影響較小，但也因此無法如GSM基地台的傳輸距離那麼大，例如PDC標準定義手機最大傳送功率爲2W，而GSM定義最大功率爲8W[1]。

印度

印度向來以軟體設計見長，如Infosys、WIPRO、TCS（TATA）等，國際手機商諾基亞（Nokia，手機部門後爲微軟公司所併購）、Samsung等亦看中印度爲全球第二大之消費市場（聯合國預估印度人口將於2028年超越中國成爲全球最大市場）紛紛於印度設廠。電信商如歐洲Vodafone與日本DoCoMo（與TATA合作）亦進軍印度，2013年時印度前二大電信商均爲本地業者（Airtel與Reliance）。根據IMRB International與Business World雜誌於2006年在印度當地調查，超過一半受訪者並無品牌意識，故在當地行銷除了須結合當地情勢（印度擁有超過20種地方語言），價格爲最重要因素。故目前（2014）印度手機市場以功能型手機爲大宗，智慧型手機市占率雖小，但成長率非常大，根據2013年8月Strategy Analytics（SA）統計智慧型手機成長率已高達163.2%，超越中國之86%。其中Samsung因在印度當地耕耘已久，市占率高達42.3%，但國際廠商也將面對印度當地手機商（如Micromax、Karbon）的快速追擊。

已開發國家與新興市場國家電信市場特性不同

通訊技術發展也隨著國家爲新興市場或已開發國家而有所不同。在歐美等國家，新一代行動通訊技術皆沿著通訊歷史發展的軌跡變化（1G → 2G → 3G），雖然每代選擇的技術會因爲各國市場特性而有所不同，但基本上都是建構在原有的電信基礎設施上。但對於許多新興國家而言，例如印度與泰國，其普遍基礎建設（Infrastructure）皆不足，包括交通建設、自來水，電力供應皆有待進一步改善，故電信固網系統普及率遠遠不及先進國家。例如根據印度電信管理局（TRAI）統計，2010 年 9 月印度有線電話普及率只達 60%。大部分集中至印度主要大城，如孟買、德里與加爾各答等。其餘占大多數領土面積的鄉村則因爲基礎電信設施佈線成本太高而無法普及。行動通訊網路主要架構在電信固網之末端，對於缺乏最後一哩（Last Mile）建設的新興市場占多數人口的鄉村地區而言，跳過高成本的用戶迴路佈線，改直接建設行動電話設施將可直接解決印度人民缺乏的電話網路與上網功能。

行銷策略因地制宜

據 2014 年統計，印度市場 88% 消費者使用傳統手機（Feature Phone），且農村地區使用人口大於都市，智慧型手機（Smart Phone）普及率遠不及歐美等已開發市場，故在歐美所使用之網路行銷，含社群網站（Facebook 、Twitter）與行動廣告等效果應用於印度並不明顯，結合當地特色之行銷爲必然趨勢，在已開發國家中早已消失之傳統語音廣告，在印度當地即爲重要資通訊行銷方式，例如聯合利華、百事可樂等跨國企業均開始利用此語音廣告（電信系統播放語音廣告給致電者），根據統計，印度語音廣告 2014 年成長率將高達 43%[2]。

新興市場未來成長隱憂

雖然直接以行動設施取代最後一哩可解決消費者通訊需要，此等利用無線傳輸用來解決傳統固網基礎的不足，雖爲快速進入資訊時代所不得已作法。但進入 3G 甚至 4G 、雲端計算（Cloud Computing）與物聯網（IOT）的時代後，皆須大量的資料傳輸，無線傳輸環境的專有特性，如多路徑衰降（Multipath Fading）與干擾（Interference）會導致無線傳輸頻寬遠遠不及有線傳輸通道，固網骨幹佈線與升級將不可避免，此等情況爲新興市場未來發展之隱憂。

關稅因素

進入市場除考量當地民情特性外，進出口貿易因素亦爲重要考量。世界貿易組織（World Trade Organization, WTO）雖在 2013 年末達成貿易便捷化協議，但自杜哈回合後，消除全球多邊貿易障礙至今仍停滯不前，各國紛紛均改採簽訂雙邊自由貿易協定（Free Trade Agreement, FTA）或是加入區域貿易組織（如歐盟、東協等）措施以促進經濟發展，消除貿易壁壘牽涉到簽署國內各行業利弊得失，著實不易 [3]。貿易相關因素包含關稅（Tariff）、配額（Quotas）及相關救濟措施，如反傾銷（Anti-Dumping）等，其中又以關稅對貿易影響爲最，本節將討論資通訊業最爲相關之重要協定，即爲架構在 WTO 之資訊科技協定（Information Technology Agreement, ITA）[4]。

ITA 於推廣 ICT 產品之重要地位

ITA 於 1996 年在新加坡由 29 個 WTO 會員以部長宣言發起，昭示資通訊科技產品對世界貿易的重要性，以達到世界資通訊科技貿易的最大化，將資訊、通訊設備、半導體（含製程）等電子產業（惟不含消費性電子產品）之上下游產品，分 4 階段調降，預期在2000年將關稅降爲零。至2011年時，ITA簽署會員國已達到74個，成員國生產符合ITA規定之產品總額，已占全球比重高達97%，約爲1996年成立時之3倍。相較於傳統產業（尤其是農業），ITA已經先達成WTO所構建之全球貿易流動無障礙化目標，對科技產品改變人類生活產生重大貢獻。

ITA挑戰

ITA雖加速資通訊產品普及，但由於資通訊產品技術進步日新月異，1996年剛成立時只將ITA分爲4個種類：電腦及其零組件、半導體、通訊設備與電腦程式。隨著時間過去，科技進步遠遠超過1996年的規劃，導致ITA成員國對如何認定ITA產品產生重大歧見。例如1996年電腦監視器（Monitor）皆爲陰極射線管（CRT）構成，受ITA所保護，但至2000年後LCD監視器開始取代CRT。LCD面板課稅議題即被各國所重視（例如中國與印度對進口面板課稅）。

WTO於2010年8月16日判決由台灣、日本與美國聯合控告歐盟（European Union, EU）對於電子產品課徵關稅案一案，即暴露出現行ITA對於ICT產品變化快速反應不及。在1996年ITA制定時，電視爲消費性電子，不屬ICT規範之資通訊產品類（消費電子不屬於原ITA所規範類別）。但隨著LCD面板取代CRT做爲傳統電腦監視器主要架構後，歐盟對大尺寸LCD監視器可透過DVI（與電腦連結介面，見第七章第二節）或類似之多功能事務機、數位視訊轉換器（Set Top Box，縮寫爲STB，俗稱機上盒）等可能執行電視應用之資通訊產品皆課以電視種類之關稅，歐盟於此案敗訴後表示ITA定義已不合時宜，許多成員紛紛提出應重新檢討ITA進行修改，或稱爲ITA II協定。推動ITA II亦成爲美國總統歐巴馬（Obama）於每年參與亞洲太平洋經濟合作組織（Asia Pacific Economic Cooperation, APEC）推動重點之一。

ITA II 遭遇困境

擴大或者修訂 ITA 協定內容成爲原簽署國近年來討論焦點，尤其 IOT 所代表之消費電子與智慧家電（住宅）將在未來大幅成長，各國對於是否擴張 ITA 協定免稅內容均有自己立場，例如美國、日本等，以資通訊產品爲外銷主力國家均傾向擴大，故美國在 2012 年提出將微控制器（Micro Controller Unit, MCU）等納入擴大清單內，但新興市場如印、中等內需大國，爲扶持本國產業均不欲見此結果。例如印度於 2013 年知會美國將退出 ITA II 協定談判，印度主管資訊科技產業的司長（Joint Secretary）Ajay Kumar 甚至指出印度於 1997 年簽署 ITA 協定係一項「錯誤」[5]。故短期內 ITA II 協定並不容易有共識產生。

9.2 行銷推廣方式

整合行銷傳播（Integrated Marketing Communication, IMC）

近年來爲將行銷效應推廣至極大化，將傳統推廣方式，如電視、雜誌、報紙、廣播、交通工具廣告（如公車、捷運與機場推車、燈箱）、展覽與會議、代言人、網路與行動裝置行銷以及在人潮眾多商場舉辦活動等整合爲整合行銷傳播（IMC），以發揮出最大效應。

個人行動裝置（PMD）供應鏈客戶關係

個人行動裝置 PMD 爲終端產品，客戶是一般消費者（End Users），行銷方式以 Business to Consumer（B2C）爲主。IC 商的客戶則是爲生產個人行動裝置之廠商，故行銷方式爲 Business to Business，或是 B2B。兩者差異爲 B2C 客戶較多、單一客戶採購金額較少、行銷技術背景相較爲低，對公關、大眾傳播行銷較爲濃厚。B2B 行銷方式則全然反之，兩者雖有上述許多差異，但兩者行銷最大差異爲：IC 商重專業技術，故行銷人員常爲技術行銷（Technical Marketing），而終端產品商重公關（Public Relation），常見許多廠商尋找代言人（通常爲影視紅星）宣傳該產品。

Roadmap 為 IC 商行銷重要發展工具

Roadmap 被使用在電子業歷史至少已數十年。最早是在 70 年代 Intel 推廣 16 位元處理器（8086）時，面對了來自摩托羅拉 6500 和 Zilog Z80 的強烈競爭。對於系統裝置商採用哪家的處理器，除了處理器本身外，周邊電路以及相關發展軟體皆須一併考慮，導入設計（Design Win）成本極高。當時 Intel 推出一種行銷方案去告知客戶未來處理器發展里程碑，讓客戶知道未來 Intel 將繼續供應那些產品，確保客戶現在的軟硬體投資不會浪費。Intel 將當時已經上市的 8086 與 8088，以及尚未上市 80286，甚至當時還在秘密開發的 32 位元架構（後來 80386）產品編號也刻在木頭材質牌子上，讓客戶把牌子掛在公司的牆上，顯示 Intel 對未來發展堅定的承諾 [6]，這個行銷方式確保了客戶對 Intel 未來的信心，也爲至今所有 IC 商推廣產品時所仿效。

IC 廠商行銷品牌化（Branding）

理論上 IC 商不會面對一般消費者，但爲了強烈推銷本身產品或是以客戶（系統商）爲尊情況下，許多 IC 商皆開始以客戶的客戶（一般消費者）爲行銷對象。最早是來自 80 年代時 Intel 開發出了 32 位元的 80386，但當時 Intel 最大的客戶—— IBM，對於採用 80386 作爲個人電腦（PC）處理器興趣缺缺，因爲 IBM 當時仍稱霸 32 位元之伺服器和工作站業務，擔憂 32 位元 PC 會影響本身伺服器與工作站業務，故仍堅守以 80286 作爲 PC（IBM AT）爲處理器。對於 80386 遲遲無法大量推出，於是 Intel 決定直接向客戶的客戶做廣告，畢竟他們才是直接決定要買產品的人，後來 Intel 刊出紅色 X 的廣告，告訴消費者 3 比 2 好的概念，此行銷方式更是導致後來 Intel Inside 識別的誕生 [7]。

Intel 開創了 IC 商直接訴諸消費者之品牌方式後，後續除了新推出之產品如 Pentium（II/iii/4）、Duo 到 Core 系列之處理器外，也開始將品牌概念推廣至其他產品，Intel 在 2002 年開始於許多電視、廣播、報紙等傳統消費者接觸之通路推廣 Centrino。主要係藉由其在處理器的優勢推廣無線網路晶片。筆記型電腦凡採用 Intel 之微處理器與無線網路晶片，即在電腦上附贈 Centrino 認證貼紙。如今許多 IC 商，如超微半導體（AMD）與輝達（NVIDIA）、甚至軟體公司（微軟視窗作業系統）皆使用此行銷方式。除直接對消費者培養品牌觀念外，許多 IC 商，甚至會主動幫自己客戶攻進新的未開發市場（例如巴基斯坦、中東等國），以爭取本身產品的最高價值。

IC 商強調專業技術發展

IC 商爲了行銷目的，有可能會自行辦理與公司產品相關之專業研討會，或是參加由 IEEE 舉辦的大型會議，其中可以展現各公司技術實力的當屬國際固態電路會議（International Solid -State Circuits Conference, ISSCC）與國際電子裝置（International Electron Device Meeting, IEDM），此兩者會議爲了解未來專業資通訊技術最快途徑。

國際固態電路會議

ISSCC 每年約 2 月時在美國舊金山（San Francisco）舉辦，是發表先進電路與系統架構之全球論壇，全球所有 IC 設計與 IDM 公司內研究發展數位架構，或是類比電路設計單位，皆以能登上此會議發表列爲努力目標，開發的應用除了早期的通訊、類比、記憶體外，近期更新增了微機電系統、醫學顯示等類別。

國際電子裝置會議

IEDM 也爲每年（年底）在美國舉辦，爲發表半導體元件之最高殿堂，涵蓋電晶體、記憶體、顯示裝置以及最新開發元件等，全球 IDM 與晶圓代工等擁有 IC 製造工廠（Foundry）業者皆視為發表重要成就之會議。

ISSCC 與 IEDM 雖為發表技術之會議，各公司雖不見得在每個技術上都能夠在此頂級會議被接受，但因行銷曝光度極高，許多知名半導體廠商皆會贊助此兩項會議。

展會開發潛在客戶

除了以上活動外，另外參加國際展會也不失為開發新商機的方式，ISSCC 與 IEDM 均為發表最新專業技術的會議，而國際專業展覽會則是各公司發表最新產品時機，為開發潛在買主的最好方式。

表 9.1　資通訊主要相關之國際專業展

展名	舉辦地點	每年舉辦時間
美國消費電子展（CES）[8]	拉斯維加斯、美國	1 月
全球移動通訊大會（MWC）[9]	巴塞隆納、西班牙	2 月
漢諾威電腦展（Cebit）[10]	漢諾威、德國	3 月
台北國際電腦展（Computex）[11]	台北、台灣	6 月
德國消費電子展（IFA）[12]	柏林、德國	9 月

國際展會除了本身展品展出之外，通常會搭配技術論壇、研討會與產品創新競賽，以擴大展會規模，茲以 2014 年全球通訊移動大會（MWC）為例：

展出日期：2014 年 2 月 24 日至 2 月 27 日

主辦單位：GSM Association（GSMA）

參展費用：標準空地（9 平方公尺，不含裝潢），費用為 8,010 英鎊（約合新台幣 38 萬元）。

展覽規模：根據主辦單位表示 MWC 為全球最大的行動通訊展覽會，2014 年使用 98,000 平方公尺展覽面積，有 66 個國家、超過 1,800 家廠商參展，吸引來自 201 個國家、85,916 名專業人士參觀，展會主標語為「Creating What's Next」[13]。

創造商機：約 3.2 億歐元。

論壇與研討會：展期內主要規劃約 60 場（其中包含 7 場大會主題演講），內容為行動通訊相關領域。觀展人士可以透過不同價錢（共分銀、金與白金證三種）之觀展證，分級參加展中論壇以及使用主辦單位提供之服務。

展會獎項：Global Mobile Awards，此獎項從 1995 年開始設立，評審團由來自全球各地之分析師、媒體記者、學者專家等所組成，總計 600 多件參賽，共頒發 34 個獎項。主要為表揚創新與卓越產品或服務之行動通訊廠商。

根據表 9.1 可以發現，除了 IFA 以外，資通訊專業展幾乎集中在上半年，這是為了配合資通訊廠商在上半年發表新品，以趕在開學潮前可以量產出貨，若以地區分布分析，其中 CES 代表美洲、Cebit 代表歐洲、Computex 代表亞洲。在資通訊（包含電信）已密集融合潮流下，例如原屬消費電子領域 CES 在 2013 年由原連續 12 年發表開幕演說之微軟換成高通，而專注行動通訊的 MWC 近年來越來越多原 PC 商參展，此類展覽未來將隨著通訊裝置微小化而競爭更為激烈。除了上述已開發國家專業大展，另外新興國家，例如緬甸也有許多專業展陸續舉辦，對開發新興市場商機有興趣之廠商不妨朝此方向前進。

9.3 法律對市場影響

法律對資通訊產品市場影響分為兩種：智慧財產權與貿易相關

法律。在智慧財產權方面包含著作權、商標、專利等。其中與資通訊產品技術面中最密切相關者爲專利，而與貿易面最相關之法律則爲反壟斷（Antitrust）與反傾銷（Antidumping）。

專利主導市場

根據專利法第一條：爲鼓勵、保護、利用發明、新型及設計之創作，以促進產業發展，特制定本法。故由此可知專利法具有公法與私法性質，私法爲處理專利權間交易、相關權利義務。公法部分則是國家爲了促進產業發展，藉由公權力手段維護整體國家產業利益。當發明人發明了一項創新技術，可以藉由公權力以保護自己利益。公權力保護手段分爲先發明與先申請原則，皆經由各國專利主管機關審查後，再決定是否發予專利證書 [14]。

先申請與先發明原則

目前世界各國主要皆採先申請原則，美國在 2013 年 3 月專利法修正以前採用先發明原則，先發明原則對原發明人雖較爲方便，但因爲發明舉證非常耗時耗力，例如第四章第一節 IC 發明專利擁有人到底是諾宜斯（Robert Noyce）或是基爾比（Jack Kilby）？因爲兩者在非常相近的時機點都宣稱自己發明了 IC ，導致快捷半導體（Fairchild）與德儀（TI）一共纏訟超過 10 年，只爲了證明誰才是 IC 專利的擁有人（探究誰時間點較先）。美國在 2013 年 3 月以後新修正專利法，已將先發明原則改爲與世界各國主流相近的先申請原則。

專利保護產業進步

除須先申請外，專利核予標準還包括其他因素，其中最大影響市場貿易的要素爲是否具有新穎性及進步性（專 22）等。專利法目的既爲促進產業發展，但如果爲已公開、現有已知技術或是與現有技術相差無幾（無進步性），則失去其保護意義。發明專利申請後皆須公開接受大眾檢驗。甚至在已獲得專利之後，如有違反上述新穎性與進步性要素，任何人皆可向專利權責機關舉發，進行舉發審查。專利戰爭歷史上，被控專利侵權的被告常常反控原告專利有效性，故實務上眞正有效專利必須等到法庭上實際戰鬥過才會確定。例如 Apple 曾經控告 Samsung 侵犯手機螢幕多指縮放專利，但 Samsung 反提出該專利無效，後經美國專利商標局（USPTO）2013 年 7 月 26 日裁判 Apple 多指縮放專利 US7,844,915 之所有請求權（All claims）無效。2013 年 4 月 5 日德國聯邦專利法院也曾經判決 Apple 的滑動解鎖專利（曾被拿去控告過 Samsung 與宏達電）無效。

根據專利法第 58 條：發明專利權人，除本法另有規定外，專有排除他人未經其同意而實施該發明之權。物之發明之實施，指製造、爲販賣之要約、販賣、使用或爲上述目的而進口該物之行爲。故如侵犯專利權成立，除侵權產品不能販售外，更須面對專利權人對侵權行爲之求償，對市場貿易影響甚大。專利法既有公權力保護因素，爲國家主權象徵，故專利申請與專利侵權訴訟須在各個國家逕自提起，並無統一提起機構。根據前述專利保護範圍，專利權人除排除他人製造、進口外，更包含販賣及爲販賣之要約，故除了發生專利權人在各國海關直接要求禁止侵權產品進入外，前節所述國際展覽會舉辦時也常發生廠商之間爲了專利權糾紛，要求主辦單位禁止對方產品展出事件。

美國市場為專利必爭之地

美國爲全球最大市場且在全球貿易市場具指標意義，故在美國的專利權戰爭也爲兵家必爭之地。美國除了原有司法權體系處理專利權糾紛之外，更連結行政權另成立了美國國際貿易委員會（International Trade Commission, ITC），主要審理違反美國關稅法 337 條專利侵權案件，其審理程序相較於一般私法民事訴訟程序快速簡易，如被 ITC 審理侵權確定後，ITC 將對侵權產品發出排除命令，禁止侵權產品進口美國，逼迫該侵權廠商退出美國市場。ITC 具有審理快速與直接禁止進口美國市場權力，對於發展科技日新月異資通訊廠商而言，是一個有效打擊競爭者手段。因此，所有資通訊產商幾乎皆把美國 ITC 當作主戰場。ITC 審查專利案件後，會把裁決結果提交總統進行政策審查，如果總統否決了 ITC 的提案，即爲最終裁定，不得上訴。若總統批准 ITC 提案也同樣爲最終裁定，但當事人不服者可向聯邦巡迴法院提出上訴。

專利於資通訊產品之特殊性

與資通訊有關專利約可以分爲兩大類：一種是所謂標準基本專利（Standard Essential Patent, SEP），一種是非 SEP。非 SEP 專利爲一般專利，例如 x86 架構與 ARM 架構。Intel 於 90 年代控告聯華電子（UMC）486 CPU 與 2001 年控告威盛電子（VIA）侵犯 Pentium 4 晶片組匯流排專利即爲此類型，因爲 x86 架構與相關周邊匯流排（Bus Protocal）均爲 Intel 公司所制定，並非國際通用標準。SEP 爲被提爲國際標準（如 IEEE 802 系列、3GPP 等標準）內之專利，制定成員應該履行其所簽署之專利政策，包含揭露義務與授權義務。所謂揭露義務就是專利權人有義務揭露納入技術標準相關專利，如保持沉默將會可能無法行使（Unenforceable）其專利權。所謂授權義務即是規定專利權人必須以公平、合理且非歧視條款授權（Fair 、Reasonable And Non-Discriminatory, FRAND）參與國際專案內標準會員以及採用該通訊標準之廠商。

Apple 與 Samsung 專利戰爭

2013 年之前 Apple 和 Samsung 智慧型手機大戰，也牽涉到 SEP 專利權。由於 Samsung 耕耘 CDMA 市場已久，參與手機通訊標準制定著墨極深。與 Apple 爲發展 PC 起家不同。Samsung 在通訊標準擁有非常多 SEP。故在面對 Apple 的專利戰時，除了反控 Apple 專利無效外，更是以本身專利反控 Apple 侵權，在多起訴訟中即包括 SEP 專利。其中一項爲向美國 ITC 提起以 CDMA SEP（US7,706,348）控告 Apple 侵權，本案雖經 ITC 初判侵權，惟送至歐巴馬總統時遭到否決，有論者以爲美國帶頭掀起貿易保護主義，恐會造成各國祭出反壟斷等貿易措施抵制，但此專利既爲 3G 標準專利，理應受以產業發展爲優先，不應做爲個別公司取得自身利益手段，以維護創新與經濟發展。Samsung 以 SEP 控告 Apple 一案，除了在美國遭到總統否決之外，2012 年 12 月 Samsung 也主動撤銷要求與 SEP 有關在歐洲 5 國之禁售令申請，據係歐盟已開始對於 SEP 未遵守前述 FRAND 條款之訴訟進行反壟斷調查。

標準納入基本專利案例介紹

茲以 CSIRO 爲例介紹資通訊專利訴訟。CSIRO 爲澳洲國家成立之研究單位，成立於 1926 年，該單位最賺錢之專利是 US5,487,069，此專利爲應用在 IEEE 802.11a 以及相關延伸應用標準（SEP）。該公司光以此專利在 2012 年與 AT&T 、Verizon 等 8 家業者達成庭外和解即取得 2.2 億美元權利金。CSIRO 在 1989 年提出無線區域網路構想，主要爲利用（反）快速傅立葉轉換（iFFT/FFT）電路實施 OFDM 以無線方式快速在不同裝置間傳輸資料。此專利後來在 1996 年通過 USPTO 審查，CSIRO 並在 1998 年向 IEEE 802.11 委員會承諾表示被納爲 IEEE 802.11a 標準之此專利將會遵守 FRAND 原則。但 2005 年起 CSIRO 認爲當年專利授權產品僅限於 802.11a ，並不包括從 11a 衍生出來的 11g 以及 11n ，由於以 OFDM 爲基礎 WiFi 已經深入全球每個角落，CSIRO 便開始了全球告透透之旅。

2005 年 CSIRO 首先控告日本網通廠商 Buffalo ，在 2007 年起更是開始控告所有 PC 品牌大廠，包括 SONY 、Toshiba 等，

2008 年 WiFi IC 商 Marvell 聯合 15 家大廠（包括 Microsoft，Dell、Intel、3Com 等）與 CSIRO 協商，讓 CSIRO 取得重大權利金收入。面對客戶連續遭到侵權指控，2009 年全球另外兩家 WiFi IC 商大廠 Broadcom 與 Atheros（後爲 Qualcomm 所併）決定聯手反控 CSIRO，所採取訴訟策略即是指控 CSIRO 在此 SEP 被定爲標準時違反揭露義務，並認爲其專利爲無法行使（Unenforceable）。翻開資通訊專利控告史，專利控告對象幾乎先以系統商，特別以品牌商（Brand）爲優先，因爲只要整體產品使用未經權利所有人授權之專利，專利所有人依法可以排除受侵害狀況，不論侵犯之專利元件是否爲向他人購買，故知名度越高，產品種類越多之廠商特別容易會成爲被控告對象。

專利授權金計算

由於專利侵權並不限於 IC 本身，故實務上專利權人對授權金計算方式常以產品出貨售價比率作爲計算，例如上述 CSIRO 要求終端產品廠商付出專利費用，當專利權人與被授權人對於計算比率有爭議時，只能透過法院仲裁作爲解決之途。專利原意爲保護產業進步，期藉著公法促進產業發明，保障發明人之權利，但近年來由於資通訊產品進步快速，一個智慧型手機往往包含數千到數萬個專利，甚至無法迴避之 SEP（例如 3GPP、H.264、IEEE 802.11 等）。常發生已不從事實際生產之廠商，透過專利保護坐收權利金，究竟此等計算權利金方式爲促進產業進步抑或阻礙產業成長殺手不無疑問。美國實務上已開始討論此專利侵權計算方式是否合宜之聲音。

反壟斷

當某公司已主導市場，不論其是透過專利保護或者原本競爭力強大，爲維持市場公平正當地位，往往會遭提出反壟斷方式謀求適當競爭。遭指控對象將受調查，如 Intel 過去主導 PC 之微處理器市場，或是 2014 年高通遭調查手機專利權利金收取是否過當。受調查對象可能被處以反壟斷罰款，但此國家級貿易保護措施容易牽動國際間貿易敏感神經，故採取此方式需十分小心以免築起國際間貿易壁壘。

9.4 產業技術

依上節所述，公司擁有之技術如果被國際組織（3GPP 或是 IEEE）納為標準之後，除了可以如 CSIRO 向全球廠商收取權利金費用外，也因為自家技術已經成熟完整，遠比其他競爭廠商產品要早進入市場。故決定公司所欲開發技術種類更顯重要。如果是中小型業者，較無主導市場標準規格能力，此時結合大廠共推標準以及洞先技術發展性都是開發市場要件。由於擁有標準制定權誘因驚人，資通訊業歷史發展以來各廠紛紛推出自家提案以求成為市場主流。如以影視撥放媒體為例，80 年代初期錄影帶 VHS 與 Beta 之間的對戰，2000 年後藍光（Blue-Ray）與高畫質（HD DVD）之戰，都經過市場激烈對抗，最後直到一方認賠退出市場，讓贏者全拿。

資通訊產業技術約可以分為幾個因素：創新程度、裝置效能成本、專利成本、周邊支援決定達到最後成功，茲分述如下：

1. 創新程度：

創新（Innovation）一直是資通訊產業發展的基石，有學者將創新分為破壞式創新與持續性創新兩類。無論分法如何，不斷創新是資通訊產業生存之根本。在資通訊產業發展歷史中，從 19 世紀之眞空管大型電腦，到今日個人行動裝置乃至縮小至隨身穿戴式產品，IC 創新方式可大致分為兩種：

材料創新

19 世紀時電腦運算（第二章）或者電信交換（第三章）元件

皆為眞空管，半導體矽元件發想即來自找尋更小更快元件取代眞空管（第四章）。透過矽製程微縮將傳統倉庫（warehouse）電腦運算能力移至如手錶、眼鏡般實體空間，但工程師並不以此滿足，仍努力找尋體積更小、運算能力更快之材料，如同機器業之碳纖維取代鎂合金般，許多新材質不斷被提出作為下一代 IC 材料，例如去氧核醣核酸（DNA）或量子（Quantum）電腦。

設計創新

IC 材料創新（製程微縮，甚至是使用更新運算材料）在相同實體大小內可容納更多運算單元，意味者更快運算能力，在第三章與第六章所提早期只能於大型電腦模擬之演算法，其複雜度只能被實作於軍艦或是太空探測應用之通訊技術，如今已可運用至人手一支之智慧型手機。研發工程師將持續不斷研發更快速演算法。

破壞式創新是跳出原有遊戲規則

在 Intel 獨霸 PC 微處器市場時，ARM 並未追隨其相關同業，例如美國 Cyrix 、Nexgen 或是台灣聯華電子（UMC）發展 x86 相容微處理器與 Intel 直接競爭。而是專注於低功耗之嵌入式市場慢慢耕耘，此舉可不受 Intel 在 x86 指令集專利干擾，也不需受制 Intel 獨霸市場所制定的業務規範。雖然在 PC 高速成長之年代，ARM 營收並不引人注目，但由於其長期聚焦低功率設計優勢，在個人行動裝置興起之後，一舉成為全球目光，堪稱破壞式創新典範。

2. 裝置效能成本

一般消費者可能會認為優異效能就是主導市場的關鍵，事實上歷史證明效能較優異的技術不一定會取得絕對優勢，原因即在於材料成本。因為資通訊工程師常常面對的一件事就是效能與成本的取捨（Trade off）。一般而言，效能越好通常代表成本越高。例如目前常被使用的區域網路（Local Area Network, LAN）為 IEEE

802.3 系列乙太網路（Ethernet），但這是經過許多 LAN 技術激烈競爭下的結果，其他候選技術皆早已淘汰，例如早期有 IBM 所開發支持的記號匯流排（Token Bus）與後來改良欲與 Ethernet 競爭的記號環（Token Ring）網路。

乙太網路主導區域網路

Ethernet 傳輸方式爲監聽匯流排上是否有其他裝置傳輸，如果沒有即開始傳輸，所以常常有機會遇到其他裝置也因同時聽到匯流排無使用而開始傳輸，造成雙方產生碰撞，此即載波偵測多工與碰撞偵測（CSMA/CD）原理。Token Bus/Ring 則利用演算法計算裝置間取得記號（Token）方式，傳送裝置擁有 Token 始有權力傳輸資料，Token Bus/Ring 很明顯有較高傳輸利用率。但付出的代價則是需要增加電路去計算取得 Token 方式，故成本較 Ethernet 高。Token Bus/Ring 雖也經 IEEE 同意標準化（IEEE 802.4/5），但仍難逃失敗命運 [15]。

802.11 獨霸無線區域網路

目前使用的 WiFi 也是類似上述的過程。早年競爭無線區域網路（Wireless LAN, WLAN）的技術除了目前被廣泛使用的無線網路（802.11 系列）外，還包含無線非同步傳輸模式（Wireless Asynchronous Transfer Mode, WATM）等，除了將 CSMA/CD 改爲 CSMA/CA 以外，802.11 系列與 802.3 傳送資料方式非常類似。802.3 爲偵測碰撞（Collision Detection），802.11 改爲避免碰撞（Collision Avoid），最主要原因即是在無線傳輸環境中，碰撞的偵測不如在有線環境時容易被偵測到。WATM 除了傳輸速度較快外，爲了能提供多媒體傳輸的應用，WATM 規定了服務品質（Quality of Service, QoS）的服務。雖然 WATM 在速度、品質與應用方面皆高於 802.11，但因相對成本價格較高，最後仍退出市場。

3. 專利成本

前段提到了裝置成本的重要，但除了硬體成本外，無形的成本也是會影響技術普遍與否的因素。例如在 1999 年時，Rambus 推出了 RDRAM，並取得 Intel 的支持，使用 Intel 晶片組電腦必須使用 RDRAM。RDRAM 架構在當時較爲優異，傳輸吞吐量（throughout）約以 60% 的差距勝過當時 PC 主流的 SDRAM（PC133），但是 RDRAM 的費用（含裝置費與授權費）也超過 PC133 兩倍以上，故即使有了當時 Intel 的力拱，從消費者反應出來給予 PC 商的壓力，迫使 Intel 後來不得不放棄在 PC 端力推 RDRAM 的計畫。

4. 周邊支援

除了本身裝置的成本外，周邊相關產品（含上下游客戶）是否支持本技術也是重要關鍵。前述 Blue-Ray（Sony）與 HD-DVD（Toshiba）之爭，Blue-Ray 主要領導者 Sony，除了有播放機與光碟片部門外，旗下更包含電影、音樂甚至是遊戲機（PlayStation PS），可說是全球娛樂事業版圖最大的電子公司。Sony 爲推 Blue-Ray 爲主流標準，更將 Blue-Ray 納爲 PS3 內光碟機，雖然 HD-DVD 後來也找了微軟助陣，採用爲遊戲機 Xbox 360 之外接播放配備，但在多年競賽後，Sony 得到較多廠商與電影公司的支持，HD-DVD 最後還是以失敗告終。

全球互通微波存取（World Interoperability for Microwave Access, WiMAX）原先規劃成爲電信最後一哩（Last Mile）的選項，能夠讓許多終端裝置可以在不需佈建有線網路前提下直接無線上網。WiMAX 最早由 Intel 提出，拉攏了許多 PC 商支持，甚至 IEEE 也通過其爲 802.16 標準。但 WiMAX 傳輸距離已達傳統電信業者標準，原本電信業者（包含設備商與服務商）對這個由 Intel 所主導的技術參與意願不高，選擇偏向 LTE，故 WiMAX 的普及仍需努力。

產業技術主導成敗關鍵

由上述分析可知一個技術要被市場廣泛使用相當不易，除需要投入大量時間與金錢外，更需要長遠的目光（Vision）與周邊協力單位的配合。一個資通訊技術選擇的失敗，很可能讓公司或是整個國家產業鏈陷入危機中，選擇冒險提出新技術取得市場獨占抑或追隨原有領先者，各有利弊，需要決策者仔細斟酌。

9.5 結論

行銷貿易因地制宜

本章說明選定市場重要性。各個國家區域各有其歷史風土民情，與資通訊業周邊基礎建設及供應鏈身處位置，結合當地實際狀況選擇適合之產業技術與行銷，同時也需注意當地產品關稅與非關稅貿易障礙，方可達成最大效益。過去資通訊產品雖靠 ITA 促進人類進入個人電腦、網路等資訊數位時代，但面對資通訊產品持續微小化，未來個人行動裝置與穿戴式裝置的普及仍需靠 ITA II 的簽訂。

參與展覽會議以行銷全球

半導體技術發展日新月異，包含廠商或是大學研發單位所有技術開發者均絞盡腦汁以求將自己作品發表至 ISSCC 與 IEDM。而在實體成品發表上，全球幾大資通訊展── Cebit、CES、Computex 與 MWC 爲眾家廠商尋求買主與媒體目光焦點所在，是產品行銷重要關鍵。

專利影響市場行銷龐大

專利原先目標爲保護創新設計以達成產業進步目的，新發明、新型與新式樣透過先申請登記，經過官方審查最後成爲專利。美國由於爲全球最大市場，專利侵權對決也爲兵家必爭之地。重要專利之相關授權金額極爲龐大，故相關廠商無不以成爲標準制定者爲目標而努力。

選定適當技術為產品成敗基石

第四節討論了創新性、效能與成本、專利成本與周邊產業支援等之成功技術要素以及各因素間的互相影響。專利會影響除授權金等成本外，亦可導致外銷受挫，之間的取捨（Trade off）端視決策者之智慧。

參考文獻

[1] Raj Pandya, Mobile and Personal Communication Systems and Services, IEEE Press, 2000.
[2] Bloomberg Businessweek 2014/04/30.
[3] 黃仁德，國際貿易原理與政策，二版，三民書局，2007。
[4] Information Technology Agreement, http://www.wto.org/english/tratop_e/inftec_e/ inftec_e.htm
[5] http://www.trade.gov.tw/Pages/detail.aspx?nodeID=45&pid=441752&did=532901
[6] 虞有澄，我看英代爾，天下文化，1995。
[7] 虞有澄，Intel 創新之祕，天下文化，1999。
[8] International Consumer Electronics Show (CES), http://www.cesweb.org
[9] Mobile World Congress (MWC), http://www.mobileworldcongress.com
[10]Cebit, http://www.cebit.de
[11]Computex, http://www.computextaipei.com.tw/en_US/index.html
[12]IFA, http://b2b.ifa-berlin.com/en
[13]http://www.intuitive-design.co.uk/clients/GSM/MWC14Report/offline/download.pdf
[14]楊重森，專利法理論與應用，二版，三民書局，2008。
[15]William Stallings, Local and Metropolitan Area Networks, 5/E Pearson, 1997.

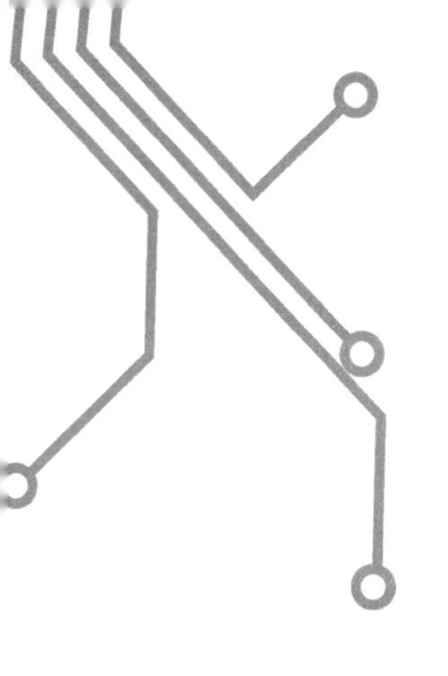

第10章

產品競爭力分析

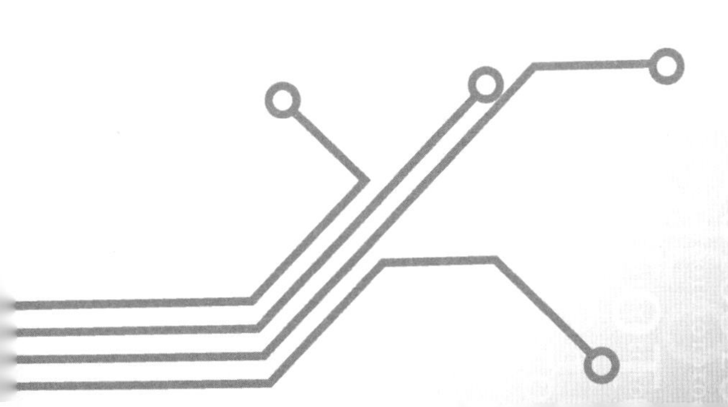

產品競爭力分析

10.1 產品規格選定

定義規格

決定了市場應用之後，接下來就是細部產品規格，實務上此亦爲重要步驟，產品規格制定錯誤或是不嚴謹，大則失去原先產品市場定位，小則拖延產品開發進度。定義產品規格並非把所有想要功能做進來即可，越多產品功能，開發成本越大、開發時間（Time to Market）越久，如何在中間做出取捨，則取決於開發者的經驗。例如開發一顆手機晶片，決定使用 GSM 以上通訊技術，但在 3GPP 要採用 Release 7 的 HSPA+ 或是 Release 8 之長程演進技術（LTE），甚至需決定採用 LTE 之後要做到那些功能，因爲在規格當中有許多功能是可選性的（Optional），又或者欲開發影像解壓縮 IC ，必需決定多大解析度的影像播放，Full HD（1080p）抑或是 4K2K，播放每秒 30 張（30p）抑或是每秒 60 張（60p）。

根據不同的市場定位，IC 通常會根據不同規格和價格來對應。可分爲兩種類型取捨：功能與效能型。

功能型

產品由功能多寡決定產品線種類，不只 IC 業者，多數資通訊（ICT）廠商幾乎都以此種方式操作產品線。以在 2014 年主流 Modem 爲例，根據行銷地區不同（是否支援 LTE 技術），區分兩種不同產品線，支援 2 模以及 3 模系統，2 模爲 WCDMA 及 GSM ，而 3 模系統爲上述 2 模再加上 LTE。由於 ICT 之技術進步日新月異，多數業者皆採取使用最新技術爲公司旗艦級產品，同時並將原產品降價出售，除差異化市場需求外，另同時達到提升或保持平均銷售價格（Average Sale Price, ASP）之財務目的。

效能型

根據產品特性，即使產品功能相同，也可根據執行效能作爲產品差異化，例如 CPU 可根據操作的頻率速度、快取容量大小、是否有更多級的快取，來決定產品價錢。以 CPU 爲例，Intel 自 1998 年後推出 Celeron，其特色即同當時主流產品之核心架構，但取消 L2 Cache、增加讀取失誤（Miss）及代價（Penalty）、降低效能，以達到價格差異化目的。

推出產品時機

理論上推出 ICT 產品時間是越快越好，但實務上是以成熟型產品（在市場具有一定市占率）爲主，如果該物品爲新創產品，則推出之時機點並非越早越好，還須考量當時市場接受度及周邊，第三方（Third Party）支援度。此現象可分爲兩種情況討論：市場（客戶）接受度及周邊支援成熟度。

市場接受度

眾所周知 Apple 在推出 iPod 時，市場上早已有許多 Mp3 播放機器，事實上不只 iPod，Apple 在 2010 年推出 iPad 的 10 年前，即有類似之平板功能電腦出現在市面上。Apple 並不採取產品越早越好策略，而以在最適當時間推出最好產品做爲公司發展主軸。另外，講求內容（Content）之影音產品，周邊播放影片是否已達 Full HD 製作，也牽涉到 Full HD 產品裝置推廣時機點，穿戴式（Wearable）裝置亦將朝此模式發展。

周邊支援成熟度

開發新創產品時除考慮市場接受性之外，在決定開發產品時亦需同時考慮開發產品的周邊支援。例如開發越高運作時脈

（Clock）之新 CPU 時，相對應高頻之高取樣率（Sampling Rate）邏輯分析儀（Logic Analyzer）與示波器（Scope）均需到位；或者開發新一代 3GPP Release 所使用的調變／編碼率（Modulation/Coding Rate）等，均需有對應可測試之儀器。

產品技術及時間點確定後，可進一步確認產品行銷策略，茲已介紹以下幾種行銷方式爲例：

接腳相容（Pin Compatible）

一般而言，ICT 廠商推出的新產品，多數都以節省成本爲主，故相同市場定位的新版 IC，腳位大多會以相容舊版產品爲主。對系統級廠商而言，相同的腳位意味者不需要重新設計印刷電路板（Printed Circuit Board, PCB），電路佈局（Layout）也省掉系統級電磁干擾（Electro Magnetic Interference, EMI）等有大幅變動的可能，系統商可以以新版 IC 直接置換，不只減少成本，同時也大幅縮短進入市場時間（Time to Market）。

搭售策略（Bundle Policy）

如果 IC 廠商本身已經成長到足以發展一個品牌，發展本身品牌識別（Brand Identity）可爲一種強化自身行銷方式，如前章所討論，Intel 曾推出 Intel Inside 標誌，在其識別獲得成功後，Intel 在 2003 年開始推廣迅馳（Centrino）標誌作爲行銷品牌，由於 Intel 在此前一直深耕 PC 產業，雖透過併購網路晶片公司（如 Levelone）進入通訊市場，仍遠不及本身微處理器在 PC 產業之知名度，藉由 CPU 同時搭售無線網路晶片策略 [1]，用本身在 PC 領域影響力，搭售 Intel 本身之無線網路晶片（卡），希望透過塑造品牌識別（Brand ID）做行動運算標竿，強力推銷本身之無線網路晶片（卡）。

參加商展策略（Policy）

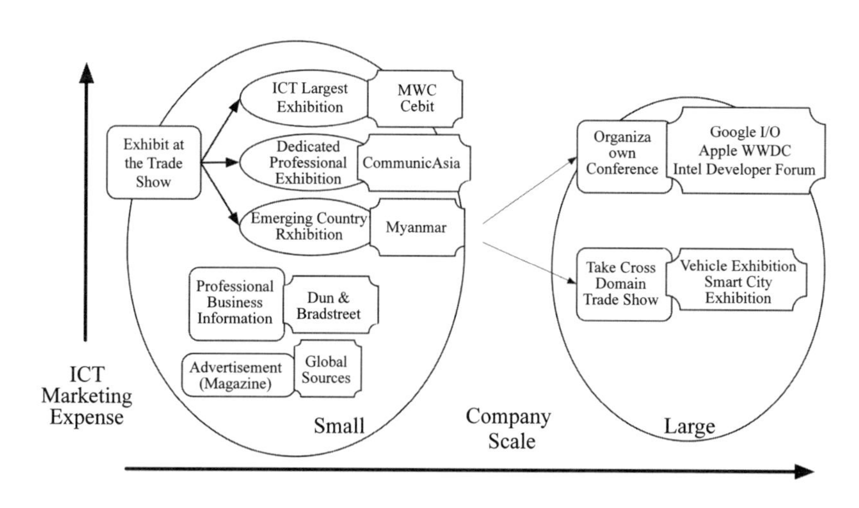

圖10.1　資通訊行銷種類

圖 10.1 爲 ICT 廠商在國際行銷領域常見的方法，由於廠商需開始重視終端消費者需求，謀求建立品牌，故 B2C 方式之電視、報紙、廣播行銷通路皆會進行。操作方式則根據公司規模因素、行銷預算操作略微不同。公司成立初期尋找國外買主有以下方式：1. 透過商業專業機構，例如委託鄧白式（Dun & Bradstreet, D&B），尋找適合客戶。2. 刊登廣告，例如在環球資源（Global Sources）相關雜誌 [2] 刊登自身產品資料。3. 在國外如果能展示自己產品爲吸引客戶最好方式，因此至國外參展爲爭取商機之最佳方式。

國外參展

國外參展亦可分爲三種方式：參加大展（Largest Exhibition）、特殊專業展（Dedicated Professional Exhibition）、至新興國家（Emerging Country）參展，詳如表 10.1。參展是與買方（Buyer）接觸最佳方式，除可直接面對接待之外，可有實際產品供買方（Buyer）參考。除可維繫現有客戶感情聯絡外，開發潛在客戶更是重要參展目標。

表 10.1　參展優劣比較

	參加大展	特殊專業展	新興國家展覽
優點	1. 展品種類最豐富 2. 參展國家最多 3. 參觀買主人數最多 4. 掌握市場最新脈動	如亞洲電信展（Communic Asia）[3] 專注電信廠商，主題明確，容易找到適合買主	至新興市場（如緬甸）尋找新客户，搶占市場先機
缺點	1. 本身產品不易被聚焦 2. 展館面積有限，幾乎所有大展都同時面臨空間不足，參展公司不易取得參展攤位數與位置	參展種類範圍較大展為小，不易開發新客户。	展館基礎建設（如水、電、網路等供應）不足，參展過程較其他已開發國家辛苦

參展注意事項

ICT 廠商參展相較其他產業優勢即爲參展產品較小（例如與汽車、機器業相較），運送產品較爲方便，展覽周邊支援需求也較低，例如較不需多種電壓、電流與水供應需要。運送展品過程較爲輕鬆，可專注於參展之企業裝潢設計與廣告文宣。但參展仍須注意保稅等進關過程，必要時可尋求展會主辦單位幫助。另一需注意者爲 ICT 廠商常爲時尚 3C 產品，不論是終端產品或者是 IC 廠商所設計爲客戶之樣板（Demo Product），都是輕薄短小又容易引起觀展人士注意把玩，在展場需注意展品安全，如需要時可向主辦單位租借可上鎖櫃。

公司成長至一定規模之後，產品線容易擴增至其他領域，此時即可考慮往其他領域大展參展。例如第一章許多 ICT 未來產品皆朝電動／智慧車、智慧家電、智慧城市發展，在 2014 年已有許多原先耕耘資通訊產品廠商參加國際車展、車用電子／零配件展，亦有許多 ICT 廠商與建築業一起參加智慧城市展。

主導市場規格

當公司成長到足以提案規格影響市場時，此時參展對於聚焦行銷本身技術規格並無太大幫助，許多頗具規模的公司便開始自行主辦技術研討會，鞏固本身技術市場，例如 Apple 的 World Wide Developers Conference（WWDC）、Intel Developer Forum（IDF）等。Apple 近年來以不參加其他會議展覽作爲產品發表場地而聞名，但在 Apple 成立初期，賈伯斯還是選擇 1976 年的第一屆美國個人電腦展作爲發表 Apple 一號的發表場地，後來也在 1977 年第一屆美國西岸電腦展發表著名的 Apple 二號 [4]。

10.2 功耗重要性

所有個人行動裝置除了效能、價錢這些傳統 ICT 產品具有指標外，耗能（Power Consumption）爲其最重要特色，具有低功率設計（Low Power Design, LPD）之產品，不但隨身攜帶使用時間較長，裝置內含電池較小，更增加其輕便性。具有低功率設計特性產品不但在現行個人行動裝置已舉足輕重，對於未來穿戴式裝置更是扮演主導重要地位。事實上，在綠能與節能減碳全球趨勢下，即使傳統個人電腦、伺服器（Server）、資料中心（Data Center）等無需使用電池之設計也開始重視低功率設計。

高耗能影響

當系統過於耗能時，除了將會縮短個人行動裝置使用時間（減少通話、上網甚至待機時間），面對未來穿戴式裝置減少電池體積下將更形嚴重外，另一個關於高耗能的影響爲發熱。由於電子產品使用時會將電能轉換爲熱能，高耗能裝置將會產生高熱，熱能除可能對 IC 元件造成誤動作影響外，更嚴重的是對隨身之個人行動裝置與穿戴式裝置對人體可能造成之不適甚至危險。

散熱模組輕薄化跟不上耗能速度

爲解決熱能問題，開發散熱模組在個人電腦已行之有年，但因其空間較大，置入較無困難，在平板電腦（Tablet）發展後，由於對效能要求急遽攀升，點燃更強微處理器以及繪圖處理器需求。過去平板電腦處理器熱度約 3 瓦，但近年來已提昇至 6～7 瓦，通常熱度高於 7 瓦即有搭載散熱模組需求，由於平板電腦空間遠遠小於個人或筆記型電腦，對於散熱導管牽涉物理設計與材料挑戰更形劇烈，面對裝置體積更小之智慧型手機與穿戴式裝置，散熱問題將是未來工程師急需面對問題。

由於電池發展進步緩慢，在蓄電能力每年有限成長下，爲了維持個人行動裝置或是穿戴式裝置輕薄性，同時延長產品的使用時間，低功率設計展現其著力點，IC 之低功率設計可分爲圖 10.2 所示。如第四章所討論，高電壓隨著製程不斷微縮而產生高電場效應，故隨著新製程導入，電壓將不斷下降，同時雜訊（Noise）對電路影響也會隨之增大。

IC 耗電除電壓影響外，如以 CMOS 爲例，可分爲電路無運算（靜態）和電路運算（動態）兩種，以下將分別討論此兩種情況所造成的影響。

1. **靜態**

當電路無運算時，電晶體還是會透過基板（Substrate）產生電流，此不屬於運作狀態產生之電流稱爲漏電流（Leakage Current），透過絕緣層上覆矽（Silicon On Insulator, SOI）製程和高介電質金屬閘極（High K Metal Gate）阻絕漏電流（第四章第三節），更新製程可有效降低功耗。

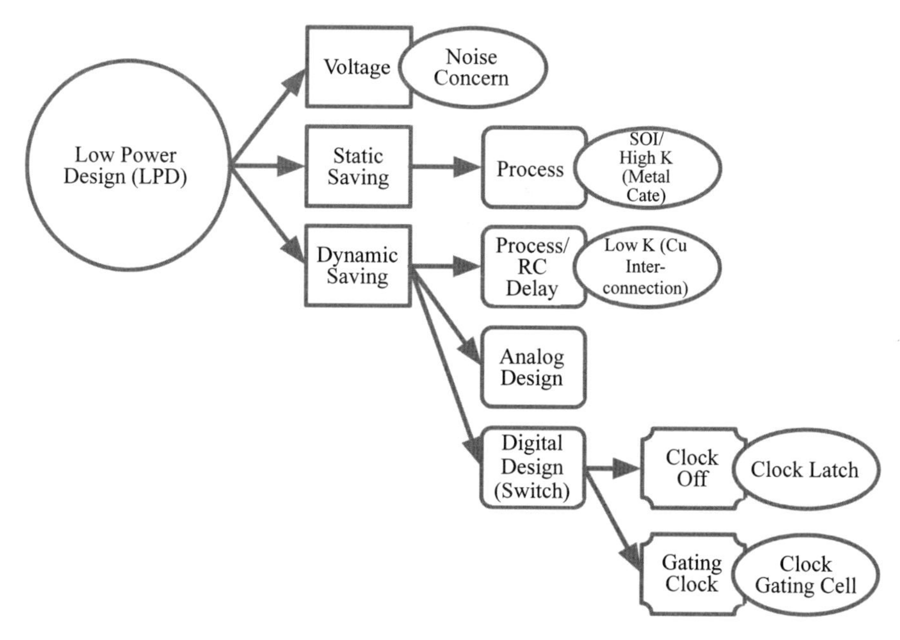

圖10.2　低功耗設計類型

2. 動態

動態為電路執行運算狀態，電路節能運算時亦跟製程技術有關，低介電質（Low K）銅連線製程將有助於減少寄生電阻與寄生電容（RC Delay），此將減少功耗並增加電路速度，另由於 IC 可分為類比（Analog）和數位（Digital）電路，亦將分別介紹以下兩種狀態。

類比電路：射頻電路模組運算耗電最大的部分為功率放大器（Power Amplifier, or PA），當行動裝置跟基地台過遠時，功率放大器就需要加強放送訊號，這時通常會需要耗費 1.5（Watt）電力。持續強化功率放大器電力效率一直被認為是改善類比電路功耗之方法，目前 PA 在 GSM 通訊模式下，效率可超過 50%，主因為 GSM 發展時間已經超過 20 年以上，而 WCDMA 模式最高效率約 40%，至於 LTE 因為發展時間最短，所以目前最高效率約為 35%

左右。LTE 的設計挑戰點還不只如此，與 GSM 、WCDMA 不同的是 LTE 在全球頻段皆大不相同，為了兼顧輕薄化的需求勢必採用多頻帶之射頻電路，如此一來，要提昇效率將會更形困難。目前強化 LTE 多頻帶效率的主流方式為追蹤訊號封值（Envelope tracking, ET），能有效調節電源電壓的技術，ET 可以配合訊號電力調整電源電壓，在功率最強時傳送以減少浪費。

數位電路：在早期雙載子接面電晶體（BJT）與互補式金屬氧化半導體（CMOS）互相競爭，甚至結合兩者特性所產生的 BiCMOS ，CMOS 雖然速度較慢，但最終還是靠著其具有高易整合性（Integration）與省電擊敗其他電晶體稱霸數位電路。在 CMOS 數位設計中因為靜態電路較動態電路更容易整合 [5] ，以下將以 CMOS 靜態電路做為數位電路說明。

數位電路通常占系統晶片（SOC）中電晶體數量主要部分，故在節省整體功耗占有重要地位。由於數位電路與軟體控制緊密結合，故可由軟體控制功能中暫不需要之電路以節能，例如手機在待機非操作狀態，可關閉顯示 LCD 面板之背光電源，或者在 GSM 模式操作下，關閉 GSM 某些電路，隨著時序控制器（Timer）計算到達某段時間（TDMA 特性）之後，再醒來（Wake up）去查詢基地台是否呼叫 [6] ，透過使用者操作應用功能關閉無需使用的功能以達到最佳電源運用。

時脈（Clock）在數位電路運算重要性

在數位電路運算中，電力消耗最大部分為二元訊號轉換過程（1 → 0 or 0 → 1），故數位電路之運算時脈不只牽涉到整體運算速度，同時也與功耗具絕對關係。越高時脈通常代表電路運算能力越強，也越耗能。數位電路決定最高時脈之關鍵在於電路中關鍵路徑（Critical Path），也就是正反器（Flip-Flop）之間最遠距離。在實作管線（Pipeline）技術的數位 IC 中，管線切越多級，表示關鍵路徑越短，可運作時脈也同時提高 [7]。約在 2003 年以前，時脈一直都是數位 IC 市場行銷效能的代表，越高時脈通常代表著越好效能。

時脈對數位 IC 的影響

CPU 一直都是數位 IC 最新技術的展現產品，Intel 在 2000 年時推出 Pentium 4 時宣稱這將是足以挑戰時脈高達 10 GHz 的架構，這個被稱為 Netburst 的微架構使用高達 31 級（Stages）管線，當時在時脈上遙遙領先競爭對手。但隨著時脈的拉高，資料相依性與程式執行分支對效能的影響隨著過高時脈與最深之管線越來越嚴重，導致效能與成本相對成長並不合理，同時超高時脈使得 Pentium 4 產生史上最嚴重的耗能問題，系統處理散熱成本也隨著大幅增加，最終迫使 Intel 放棄 Netburst 這個深管線架構，改推出管線只有 14 Stages 之代號 Core 架構產品。

數位 IC 節能設計

由於數位電路耗能與時脈成正比，在許多數位電路中，常使用停止時脈之電路，以求達到省電最佳化。例如在數位電路中扮演儲存資料之正反器改成使用具有關掉時脈功能之正反器（Clock Gating Cell），或者直接在數位電路裡產生時脈之單位中，使用具停止輸出時脈功能之閂（Latch），以方便在電路不需工作時直接關掉時脈，達到完全停止耗能的功能。

動態調整運作電壓頻率（Dynamic Voltage Frequency Scaling）設計

由於時脈對數位電路耗能占有極大的因素，由於應用程式運作特性，並非所有 IC 執行時間皆需電路以全速運算，故在非最高工作負荷（Workload）時，可根據實際 IC 所需執行運算量調整時脈頻率，以求節能極大化。

電源管理日趨重要

節省功耗最好方式爲降低時脈，甚至直接關掉（Turn off）電源供應（Power Supply）以阻斷漏電流（Leakage Current）消耗。故許多耗電功能如全球定位系統（Global Position System, GPS）或是 WiFi 等皆設計自動休眠模式，但由於個人行動裝置對低功耗設計極爲需求且整合更多功能，休眠模式所產生供電與節電設計將大幅增加複雜度，故即使在 IC 趨向整合模式下，電源管理 IC 仍扮演重要影響角色，其除了本身供應電源之類比特性外，目前在手機內電源管理 IC 常因爲省電需要供應超過 30 組不同電源，且依據手機內不同功能之休眠模式，控制不同供應／關閉電源程序，故目前仍常單獨存在於系統中。

10.3 晶片競爭力分析

由於 IC 在整個系統所占之重要性，根據產品規格，可依照功能／效能、功耗、製造成本、時間成本與智慧財產權成本，此五方面說明晶片競爭力分析因素

1. 功能／效能分析

在 IC 運作規格內，除了類比部分外，可考慮透過軟體方式（由 CPU 執行）或是增加電路實作，當軟體方式效能不夠滿足制定規格時，會增加成本的電路實作成爲滿足效能選項。例如在 GSM 中用來執行通道解碼之 Viterbi 解碼器或是負責通訊安全的數據加密標準（Data Encryption Standard, DES）單元，由於計算時效需要，通常皆有專屬硬體電路負責解碼，爲了量化增加硬體電路（Hardwired）的影響，通常以 Amdahl's Law 計算專屬的效能增益 [8]，如底下算式：

$$Speedup_{overall}=\frac{1}{(1-Fraction_{enhanced})+\dfrac{Fraction_{enhanced}}{Speedup_{enhanced}}}$$

其中 $Speedup_{overall}$ 爲整體 IC 所提升效能增益；$Fraction_{enhanced}$ 是提升效能單位所占整體 IC 之百分比；而 $Speedup_{enhanced}$ 是提升效能單位之效能增益。

除滿足規格之外，爲減少成本，逆向刪除 Hardwired 電路，也常被使用以滿足不同價格區間之市場需求，例如 Intel 在 1989 年推出 80486（DX）之後，又推出了不含浮點運算器（Floating Processing Unit）80486SX，使不需大量數學或工程運算之一般終端使用者，可以用較便宜價格購買 80486 等級產品。

單位面積可產生性能（Core Mark/mm^2）

晶片效能評估方式除了絕對核心效能指標（Core Mark）外，如同時納入製造晶片面積計算，更可準確評估此 IC 效能之指標。透過製程技術與面積即可概算出 IC 成本，使用較小成本達成較高之效能現已成爲評估 IC 效能之制式指標。

2. 功耗分析

時脈對數位 IC 之重要性已如前節討論，IC 效能近年來紛紛加入節能作爲測試項目之一，每單位消耗功率達成核心效能（Core Mark/mW）單位日益重要。

CPU 效能計算標準

1995 年以前衡量 CPU 效能之標準，是每秒能執行幾百萬次指令運算（Millions Instructions Per Second, MIPS）幾乎爲測試效能之主流，1995 年後許多新測試方法被提出。在 2005 年之後，由於行動運算和節能減碳風行，CPU 效能指標納入節能功能已成爲共識，例如每焦耳（Joule）能執行多少指令（Instructions）如下式：

$$\frac{\text{CoreMark}}{\text{mW}}=\frac{\frac{\text{Instrutions}}{\text{sec}}}{\text{Watt}}=\frac{\frac{\text{Instructions}}{\text{Sec}}}{\frac{\text{Joule}}{\text{Sec}}}=\text{Instructions/Joule}$$

隨著產品薄型化（穿戴式產品），對於IC效能的定義、功耗之重要性未來將會與運算速度並重，甚至超越。

3. 製造成本

IC開發成本主要由三大部分所構成：分別爲晶粒（Die）、封裝（Package）與測試（Testing）。IC最先從半導體製程（第四章第二節），經過封裝至最後測試完成。每顆IC之最後成本爲以上費用除以測試後之良率（Yield）。IC製造總成本如按一般會計原理分類，可分爲固定（Fixed）成本與變動（Variable）成本，茲分別討論如下：

固定成本

IC固定成本中占決定性地位爲光罩（Mask）費用。光罩費用隨著半導體製程微縮進入奈米（nm）世界大幅成長，在2010年時，一個4至6層金屬層（Metal Layer）光罩通常已超過100萬美元。

變動成本

計算每顆晶粒成本如下：

$$\text{Cost of Die}=\frac{\text{Cost of Wafer}}{\text{Dies Per Wafer}\times\text{Die Yield}}$$

其中

$$\text{Dies Per Wafer}=\frac{\pi\times(\text{Wafer Diameter}/2)^2}{\text{Die Area}}-\frac{\pi\times\text{Wafer Diameter}}{\sqrt{2\times\text{Diearea}}}$$

$$\text{Die Yield}=\text{Wafer Yield}/(1+\text{Defects Per Unit Area}\times\text{Die Area})^N$$

N 為製程相關因素，在 2010 年時，對 40 奈米製程而言，此參數約落在 11.5 至 15.5 中間。

而在 2010 年時每 12 吋（300mm）晶圓片成本（Cost of Wafer）約為 5000 至 6000 美元。

由上面三式，可知除良率（Yield）外，兩項與 IC 變動成本最大相關因素為：

1. 晶圓面積（Wafer diameter）：直徑越大晶圓可產出越多晶粒，2014 年時主流為 12 吋。
2. 晶粒面積（Die Area）：電路佈局（Layout）面積越小可產出更多晶粒，故縮小製程技術可產生越多晶粒，降低每單位變動成本。

4. 時間成本（Time to Market）

大體而言，越早推出產品就有越高毛利（Gross Profit），但對時間之敏感度還是可細分為：

標準週期較長產品

傳統電信或是網路 IC 產品週期較長，廠商較不需急迫更新產品，因為此通訊標準會牽涉到基地台等基礎建設是否同時佈建，故提升效能遠較可立刻見效的 PC 此類單機產品準備時期為長，例如 IEEE 802.11n，2002 年即已舉辦第一次相關會議，但直到 2007 年才正式決定第一版。在 3G 標準底定前，GSM 標準存續期間更是超過 20 年。

週期較短產品

相較通訊類產品，PC 端之相關 IC，例如 PC 晶片組（Chipsets）或是 CPU，產品壽命通常只有半年即有新改版產品推出。PC 端 IC 的 Time to Market 更為重要。一旦沒有及時推出，將會大幅流失市占率，且會造成舊版 IC 乏人問津，不管是低價促銷或是滿手庫存造成認列跌價損失，皆會對公司之營業利益造成重大影響。個人行動裝置產品由於是結合電信與 PC 技術之系統整合晶片

（SOC），故更新新版 IC 時間是相當重要的。

5. 智慧財產權（Intellectual Property, IP）成本

此 IP 成本分為兩種類別，第一種是專利（Patent），另一種為使用其他公司之設計電路取代自行開發，例如目前個人行動裝置內 SOC 使用之 CPU 或是 GPU ，其計價方式類似，一般而言，IP 共有兩種費用：授權（Licensed）費與權利（Royalty）金。授權費通常採剛開始一次性費用，再隨著客戶產品出貨，伴隨出貨數量多寡計算總權利金。架構制定時考量採用專屬硬體電路或是採用軟體計算，軟體計算則需考量選擇之 CPU IP 是否有足夠運算能力（Computing Power）完成應用，而越高階之 CPU IP ，例如核心數越高，總 IP 費用通常越高。

10.4 系統競爭力分析

在分析系統競爭力前，需先說明兩項在系統級設計非常重要之因素：訊號完整性（Signal Integrity）與電磁干擾（Electro Magnetic Interference, EMI）。

訊號完整性（Signal Integrity, SI）

訊號完整性成因來自光速（電磁波）太慢！當訊號頻率越來越高，波長越來越小，其相對於傳輸線長度已無法忽視時，即需開始考慮此效應，此亦為電路學與電磁學分野。傳統上訊號完整性通常在系統級處理，較少在 IC 遇到（因為系統中的傳輸線的長度遠遠較 IC 內傳遞訊號長度長）。訊號完整性與一般射頻（Radio Frequency, RF）訊號分界為訊號完整性處理數位訊號，而射頻處理類比訊號。在數位訊號所造成之分界問題，主因來自數位訊號之上升（Rising）與下降（Falling）轉換時間，如透過傅立葉級數（Fourier Series）轉換，可得知越陡峭轉換時間，將會產生越高的頻率 [9]。

訊號完整性所需面對的問題

數位訊號中高頻部分對傳輸訊號產生的問題最主要包括（但不限於）：訊號反射（Signal Refection）以及串因（Crosstalk）。

訊號反射

訊號反射來自阻抗不匹配（Impedance Mismatch），訊號在傳輸線傳遞中，如遇到阻抗不匹配狀況，將會產生反射波，造成訊號失真，故阻抗匹配在 SI 爲重要設計，爲解決此因素，電路板可透過適當設計之終端電阻（Terminator）進行阻抗匹配。

串因

串因主要成因來自傳輸線之互感（Mutual Inductance）與互容（Mutual Capacitance）之干擾，通常互感效應又大於互容，其又可分爲遠端串因（Far End CrossTalk, FECT）與近端串因（Near End CrossTalk, NECT）[10]，透過均勻傳輸線特性可解決遠端串因問題，近端串因通常是造成 SI 導致系統誤動作，透過適當電路板佈局設計，可將此影響降至最低

電磁干擾（Electro Magnetic Interference, EMI）

電子產品不可避免都會遇到電磁干擾，扣除 SI 問題外，雜訊（Noise）是電磁干擾最常見之問題，其又可分爲共模（Common Mode）雜訊與差模（Differential）雜訊，透過電磁共容（Electro Magnetic Compatibility, EMC）方式，阻斷電磁干擾傳遞路徑——隔絕干擾端或是將干擾端引導至接地。例如爲求消除電源雜訊，在許多電源（Power）接腳皆會設置許多旁路（Bypass）電容 [11]。

印刷電路板（Printed Circuit Board, PCB）成本

印刷電路板製作方式，與 IC 製作方式相似，皆需將設計線路使用光阻塗佈，曝光顯影後，透過蝕刻將線路製作至板材上。但與 IC 不同的則是印刷電路板線路並無 IC 之間通道縮短製程（Channel

Length），故印刷電路板成本主要來自板材面積大小與堆疊層數。堆疊層中除了訊號走線外，另外也需有電源層與接地層。印刷電路板設計師需根據整體需要決定電路板面積大小與堆疊層數。傳統 PC 使用介面卡，根據複雜度不同，可能使用 2 至 4 層板，越多層可佈訊號線與電源 / 接地層，可得到更好之訊號完整性品質。個人行動裝置則更進一步使用高密度互連（High Density Interconnect, HDI）板與軟性電路板（Flexible PCB, FPCB）。

印刷電路板設計分析

由於越少印刷電路板面積與越少堆疊層數將可減少系統成本。各資通訊終端產品商無不盡力將成本降到最低。但伴隨著使用越小電路板與越少堆疊層，電路板上訊號間之訊號完整性問題將隨著電路面積縮小（訊號線之間間隔越窄）而更趨嚴重。電磁干擾之雜訊問題亦隨著減少層數、無專屬電源與接地層，導致共模雜訊迴路變大，甚至數位類比雜訊互相干擾訊號。此外，減少旁路電容等電磁共容被動元件亦可有效減少成本，但付出代價是會有高頻雜訊產生，由於數位電路對雜訊容忍力較類比電路高，爲避免類比電路遭受干擾，實務上如果 IC 需分離數位與類比電源，常見的是在類比電源旁加上旁路電容。

高密度互連板

隨著對資通訊終端產品體積縮小要求，降低印刷電路板體積或是提高板上電路密度爲必然趨勢，高密度互連板與傳統印刷電路板的不同爲使用微盲埋孔方式增加電路佈線密度，此常被使用在筆記型電腦（Laptop）或是 Ultra Book ，對於進入縮小體積要求更高之個人行動裝置時代，更高階高密度互連板——任意層高密度互連板（Any-layer HDI）被提出。其優缺點如下：

優點

任意層高密度互連板與傳統印刷電路板不同為使用雷射鑽孔取代傳統鑽孔，一般而言約可減少 4 成體積，Apple 公司已在 iPhone 4 後開始採用此技術。

缺點

成本問題為任意層高密度互連板最大致命傷，除此之外，由於其電路密度為現有印刷電路板中最高者，對於信號完整性保護，或是電磁干擾處理要求也較其他印刷電路板為大。

軟性電路板

軟性電路板雖與傳統印刷電路板同樣採行銅箔為導電線路，但與傳統印刷電路板最大差異為軟性電路板可在彎曲基材進行佈線。其主要結構由壓延銅箔、絕緣塑料基材（PET 或 PI）、接著劑（壓克力膠、環氧樹脂）組成，軟性電路板主要成本來自絕緣塑料基材，約占整體成本 50%。其優缺點亦如下說明：

優點

相較於傳統電路板使用不能摺疊材質，軟性電路板以輕薄，可彎曲材質作為基板，可使整體系統體積相對縮小，工業設計師可有更多空間創造設計感，同時整體重量也變輕，減少傳統電路板因為硬質材料產生之塑型難度。更因其軟性特質，可吸收外部衝擊力，使採用軟性電路板之終端產品可容忍較高外部撞擊。

缺點

軟性電路板目前技術仍無法如傳統電路板般發展出高密度（HDI）互連板，亦因為其軟性塑料基材特性，耐高溫有一定限制。除此之外，軟性電路板最大缺點為成本仍相當高，現行採用軟性電路板之終端產品，通常使用軟性電路板作為電路傳導介質連結傳統硬板。

個人行動裝置電路板設計

消費者對於資通訊終端產品要求不斷提高，系統中除了數位高頻 CPU 、GPU 之外，類比高頻射頻元件數也日益增加，嚴重干擾信號完整性，增加電磁干擾，輕則危害可靠性（Reliability），重則無法通過電磁干擾驗證出貨。

系統設計初期即需同時考慮電磁干擾與訊號完整性

一般而言，產品在設計時如果未重視電磁干擾等現象，等到量產後送電磁干擾檢驗才開始處理此問題，將會比設計初期即解決大幅增加成本，此成本包含出貨時程延後與爲了改善電磁干擾所增加材料成本，在面對電路實體空間／面積越來越小考驗下，需同時考慮相關危害訊號現象已成了現今系統設計工程師主要工作。

在產品設計前先將機殼框構、載板、IC 元件與電源／接地配置先透過軟體進行初步模擬，確定元件位置後，仍需再將特殊訊號電路標示，例如時脈（Clock）、類比數位介面或數位類比介面（AD or DA）等。透過電磁干擾軟體進行模擬後，再開始實際佈線（Layout），一個良好品質擺放（Placement）與佈線（Layout）勝過後面追加一堆防止電磁干擾元件。

即使已經事先透過精確模擬，在現今機構空間越來越小之個人行動裝置，仍有可能無法完全通過電磁干擾驗證，常見作法即將印刷電路板做好區塊隔離，搭配金屬護罩把高頻元件利用金屬屏蔽，如果是塑膠機殼可考慮使用導電漆，可將干擾現象降至最低。

系統競爭力亦分成本（Cost）與時間（Time to Market）

對系統級簡化成本無非是物料清單（Bill Of Material, BOM）減少。直觀而言，如果系統成本越低，可提高平均銷售價格（ASP），其毛利率（Gross Profit Margin）、營業利益（Operating Profit Margin）甚至淨利率（Net Profit Margin）[12] 都可以提高，或者可以降低終端售價，有助於普及化。翻開科技史，物料清單成本及終端售價都必須降到終端使用者（End User）可以接受的程度，產品才有機會大量普及。例如 1998 年以前的手機與筆記型電腦，都需要整體物料清單成本降至終端使用者可以接受的程度，始有機會大量出貨。

iPhone 之物料清單成本演變 [13]

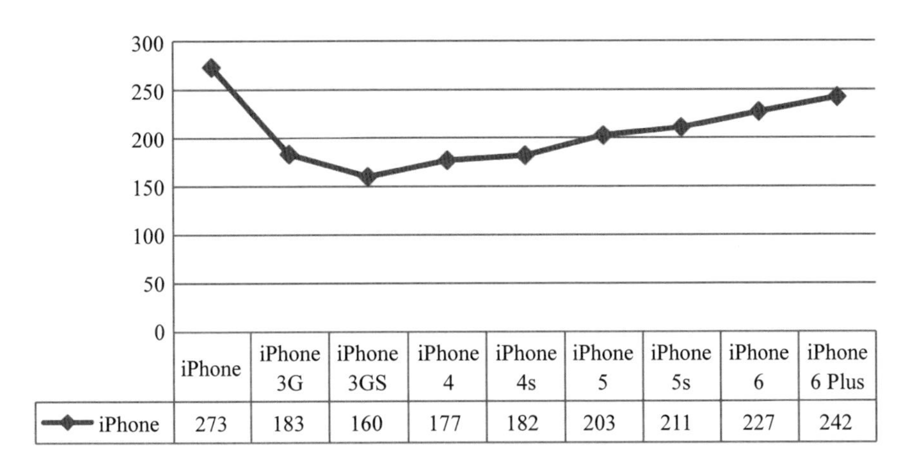

	iPhone	iPhone 3G	iPhone 3GS	iPhone 4	iPhone 4s	iPhone 5	iPhone 5s	iPhone 6	iPhone 6 Plus
iPhone	273	183	160	177	182	203	211	227	242

圖10.3　iPhone內物料清單成本（單位：美元）

圖 10.3 顯示了 Apple 公司 2007 年至 2014 年 iPhone 內物料清單成本。2007 年推出首代 iPhone，其物料清單成本高達 273 美元，由於首次使用電容式多點觸控螢幕且爲 Apple 公司第一次推出個人行動通訊產品，在無法確定是否熱賣狀況下，物料成本高居不下，與 2014 年歷代推出產品相比仍爲 iPhone 物料清單成本之最。在確認 iPhone 熱銷之後，2008 年後推出二代 iPhone 3G，熱銷之第一代 iPhone 讓 Apple 公司取得高度議價能力（Bargaining Power），使得 iPhone 3G 物料成本大幅下降。

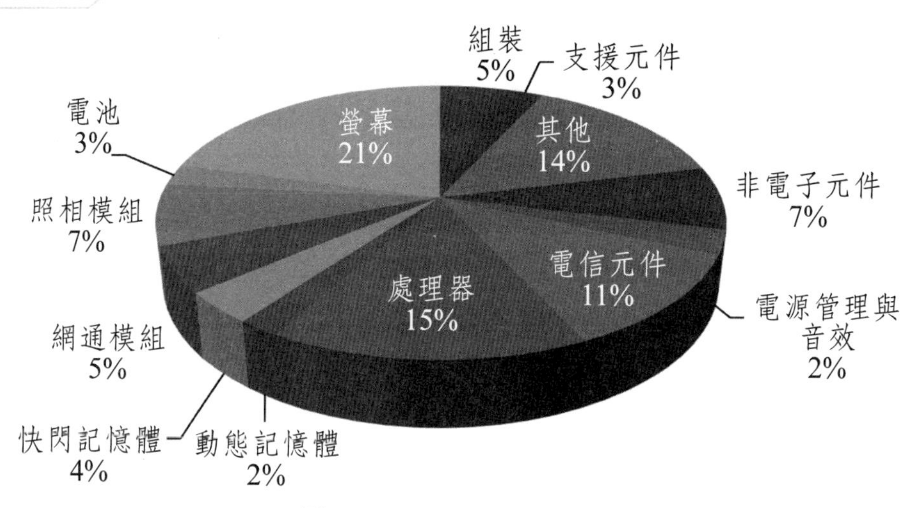

圖10.4 iPhone 6Plus BOM

由圖 10.4 可知顯示螢幕成本占手機物料成本最大部分（在 iPhone 6Plus 約爲 21%）[14]，從圖 10.3 可看出在 iPhone 4s 之前 iPhone 物料成本約在 180 美元左右（螢幕版本均爲 3.5 吋），iPhone 5 將螢幕尺寸提高至 4 吋，2014 年推出之 iPhone 螢幕尺寸再次升高至 4.7 吋，iPhone 6Plus 更高達 5.5 吋，故可看出整體物料成本近年來一路攀升。

10.5 挑戰展望

資通訊產品已服務人類從進入數位時代開始，歷經過去 PC 到目前的個人行動裝置，未來相信也將繼續在穿戴式裝置與物聯網時代爲人類的方便貢獻心力，機會與挑戰通常禍福相倚，本書認爲資通訊產品挑戰展望分爲以下幾點：

1. 通訊標準多元與互相干擾

未來不論個人行動裝置，抑或穿戴式裝置，對於通訊相關功能只會增加而不會減少，表 10.2 說明手機支援之通訊標準越來越多，故手機所需支援之頻段也隨之提升。2014 年手機更是普遍內建近場通訊技術（Near Field Communication, NFC）。越來越多通訊標準將會大幅增加通訊系統設計困難度，其中尤其以共用頻段之設計爲最。與電信標準（3GPP）不同，藍芽（BlueTooth, BT）與 WiFi 均使用工業科學醫學頻段（Industrial Scientific Medical Band, ISM Band）。

表 10.2　手機支援通訊技術歷史

	2000	2004	2009	2014
通訊技術	2G	2G、BT	3G、BT、WiFi	3G、BT、WiFi、NFC

2. 4 GHz 頻段已十分擁擠，新通訊標準移往其他頻段

ISM Band 此不需各國官方管制執照之頻段，當初設計爲研究使用，目的爲方便科學家可跳過繁雜官方申請程序，使用此頻段，故 WiFi 與藍芽設計時皆使用此頻段。隨著 WiFi 普遍於人類生活及藍芽應用更爲廣泛，包括目前 PC 無線鍵盤、無線滑鼠、無線耳機乃至穿戴式裝置皆使用藍芽。2.4 GHz 頻段在 2014 年已十分擁擠，相互之間干擾大大降低使用品質。在 2.4 GHz 互相干擾標準並不限於藍芽與 WiFi，常見於工業使用之 Zigbee（IEEE 802.15.4）也運作於 2.4 GHz，家庭中微波爐工作頻率亦爲 2.4 GHz，故此頻段同頻干擾非常嚴重。

由於 5 GHz 頻段較 2.4 GHz 能承受訊號較寬之頻寬。更高速之 WiFi 已開始移往 5 GHz（IEEE 802.11ac），但移往新頻段並非全無競爭者，許多高速無線影音通訊技術皆制定於 5 GHz 頻段，例如無線（Wireless）HDMI，故未來更多通訊標準間競合將會是新的挑戰。

3. IC 面積縮小、時脈停滯及功能專屬硬體化（Hardwired）

隨著半導體製程持續進步與 3D 立體化，過去在電路板上的分離元件（例如邏輯晶片與記憶體）將可進一步整合，縮小整個面積。例如智慧手錶在 2000 年以前雖有廠商推出，但因當時半導體不夠成熟，許多應用功能無法整合，在解決製程問題後，穿戴式裝置將成為未來 ICT 主流商品。

節能設計將日益重要，寄望電池蓄電能力大幅提升將是不切實際之事，電池效能大約以每年 11% 速度增加，遠遠落後於摩爾定律的步伐，畢竟對隨身裝置而言，越大儲存能量之裝置對人身安全風險越大，短期之內要同時提升單位儲能密度又兼顧人體安全的電池技術並無法追上半導體技術成長。既然開源不成，節流成了延長行動裝置操作時間最好的方式，低功耗設計在 IC 設計將扮演更重要的地位。同時，因為時脈為數位 IC 耗能最大因素，在 2003 年以前數位 IC 最大時脈每年約有 33% 成長，到了 2003 年之後已經降為每年 0.5% 成長率，顯示如今數位 IC 增加效能方式已不再重視時脈成長。

也歸功於半導體製程進步，過去由於電路元件稀少珍貴，用高速 CPU 執行軟體運算為不得已選擇，但由於越多電晶體已可內建在晶片內，且電晶體實作客製化功能亦可對應用功能做進一步功耗優化，故針對專屬特定應用功能之硬體化電路（Hardwired）也將在未來扮演更重要地位。

4. 封裝與製程微縮挑戰

IC 製程微縮特性是過去資通訊產品進步基礎，也因此有了摩爾定律的存在，未來是否可持續微縮仍需觀察，畢竟以工程標準，量產準備相關工作（例如未來光罩微影設備是否足以量產支援縮小之製程），才是判斷成功之基準。

雖然持續平面持續微縮遇到不小挑戰，但卻同時開啓人類思考立體化（3D）製作IC可能性，透過直通矽晶穿孔（Through Silicon Via, TSV）將不同基板相連，晶片將可持續增加電晶體，這將是未來IC製造之重點。

裝置空間更為珍貴

由於裝置體積將持續縮小，電源密度成長率又無法隨著半導體技術增加，為增加使用時間，而使用高容量（大體積）電池，將更惡化終端裝置可用空間。IC封裝除為了節省外部連結電路板面積之傳統因素外，面對體積更小之穿戴式裝置，空間彌足珍貴，3D IC將更為重要。

5. 跨領域資訊交換

在21世紀以前，電信業與電腦業交集性不多，但隨著個人行動裝置問世，電腦業與電信業已分不開，跨領域未來亦將有更多整合，例如智慧城市之營建業、電力能源業、智慧車之汽車製造業以及被視為下一代明星產業的生醫產業。以生醫產業為例，醫學與資通訊的結合，感測器可即時將人體所有訊息無線傳送至微處理器進行運算處理，未來IC將走出傳統電腦、電子裝置的領域，全方面進入人類所有生活，此亦為IOT之核心，跨領域的資訊交換有如18世紀航海時代帶動人類經濟成長的濫觴，歐洲人到印度、東南亞交換雙方所需的貨品。而IC終將扮演大航海時代遠洋輪船開創人類經濟高速發展的地位。

參考文獻

[1] Kevin Krewell, Centrio Bundles Banias Platform, Microprocessor Report, February 3, 2003.

[2] global sources, http://www.globalsources.com

[3] CommunicAsia, http://www.communicasia.com

[4] 華特、艾薩克森，賈伯斯傳，天下文化，2011。

[5] James B. Kuo, Jea-Hong Lou, Low-Voltage CMOS VLSI Circuits, John Wiley & Sons, 1999.

[6] Jorg Eberspacher, Hans-Jorg Vogel, Christian Bettstetter, Christian Hartmann, GSM – Architecture, Protocals and Services, 3/E, John Wiley & Sons, 2009.

[7] Sung-Mo Kang, Yusuf Leblebici, CMOS Digital Integrated Circuits: Analysis and Design, McGraw-Hill, 1998.

[8] John l. Hennessy, David A. Patterson, Computer Architecture A Quantitative Approach, 5/E, Morgan Kaufmann, 2012.

[9] William J. Dally, John W. Poulton, Digital Systems Engineering, Cambridge Press, 1998.

[10]Howard Johnson, Martin Graham, High-Speed Digital Design, Prentice Hall PTR, 1993.

[11]Mark I. Montrose, Printed Circuit Board Design Techniques For EMC Compliance, 2/E, IEEE Press, 2000.

[12]Lyn M. Fraser, Aileen Ormiston, Understanding Financial Statements, 7/E, Prentice Hall PTR, 2004.

[13]http://www.techinsights.com/teardown.com/

[14]http://www.techinsights.com/teardown.com/apple-iphone-6/

國家圖書館出版品預行編目資料

個人行動裝置核心解析／林修民著. 一 初版. 一 臺北市：五南，2015.04
面； 公分.
ISBN 978-957-11-8063-2（平裝）

1.行動電話 2.行動資訊 3.軟體研發

448.845029 104003777

5DI7

個人行動裝置核心解析

作　　者 — 林修民(128.5)
發 行 人 — 楊榮川
總 編 輯 — 王翠華
主　　編 — 王者香
責任編輯 — 石曉蓉
封面設計 — 童安安
出 版 者 — 五南圖書出版股份有限公司
地　　址：106台北市大安區和平東路二段339號4樓
電　　話：(02)2705-5066　傳　　真：(02)2706-6100
網　　址：http://www.wunan.com.tw
電子郵件：wunan@wunan.com.tw
劃撥帳號：01068953
戶　　名：五南圖書出版股份有限公司

台中市駐區辦公室/台中市中區中山路6號
電　　話：(04)2223-0891　傳　　真：(04)2223-3549
高雄市駐區辦公室/高雄市新興區中山一路290號
電　　話：(07)2358-702　傳　　真：(07)2350-236

法律顧問　林勝安律師事務所　林勝安律師

出版日期　2015年4月初版一刷
定　　價　新臺幣390元